数学实验与数学软件

许春根　李宝成　王 慧　谢建春　编

东 南 大 学 出 版 社
·南京·

内 容 提 要

本书主要介绍了数学实验的一些概念，以及怎样利用数学软件进行数学实验和数学建模活动. 数学软件主要介绍了 Mathematica，MATLAB，LINGO 和 Python 四种. 在 Mathmatica 软件实验部分主要有基本运算、函数作图、积分运算、级数、微分方程求解、密码研究、分形与迭代等内容；在 MATLAB 软件实验部分主要有数值运算、矩阵运算、程序控制与文件、微分方程仿真、函数作图、数字图像处理等内容；在 LINGO 软件实验部分主要有计算模型、线性规划、整数规划、二次规划、非线性规划、数学建模等内容；在 Python 软件实验部分主要有软件安装、实用模块介绍、基础操作、数据降维、数据分类与预测、聚类分析建模等内容. 在每个实验结束以后安排了一些练习，便于学生巩固与复习.

通过本书的学习，学生不仅会对数学实验与数学建模的基础知识有所了解，掌握数学实验的基本操作，还能强化利用所学数学知识解决实际问题的能力，以及提高自己学习数学的兴趣和数学建模能力.

本书可作为高等院校理工科各专业本科生、研究生的教材，也可供相关工程技术人员学习参考.

图书在版编目(CIP)数据

数学实验与数学软件 / 许春根等编. — 南京 ：东南大学出版社，2019.12（2021.8 重印）

ISBN 978-7-5641-8652-4

Ⅰ.①数… Ⅱ.①许… Ⅲ.①高等数学-实验-高等学校-教材②数学-应用软件-高等学校-教材 Ⅳ.①O13-33②O245

中国版本图书馆 CIP 数据核字(2019)第 263559 号

数学实验与数学软件 Shuxue Shiyan Yu Shuxue Ruanjian

编　　者	许春根　李宝成　王慧　谢建春
出版发行	东南大学出版社
社　　址	南京市四牌楼 2 号(邮编：210096)
出 版 人	江建中
责任编辑	吉雄飞(025-83793169，597172750@qq.com)
经　　销	全国各地新华书店
印　　刷	广东虎彩云印刷有限公司
开　　本	700mm×1000mm　1/16
印　　张	13
字　　数	255 千字
版　　次	2019 年 12 月第 1 版
印　　次	2021 年 8 月第 2 次印刷
书　　号	ISBN 978-7-5641-8652-4
定　　价	36.00 元

本社图书若有印装质量问题，请直接与营销部联系，电话：025-83791830。

序　言

数学是自然科学的基础，也是关键核心技术创新发展的基础，几乎所有的科技重大发现都与数学的发展与进步相关. 数学实力往往影响着国家实力，数学也已成为航空航天、国防安全、生物医药、信息、能源、海洋、人工智能、先进制造等领域不可或缺的重要支撑. 2018 年，国务院发布《关于全面加强基础科学研究的若干意见》(国发〔2018〕4 号)，提出“潜心加强基础科学研究，对数学、物理等重点基础学科给予更多倾斜”，特别强调加强应用数学和数学的应用研究.

数学的生命力在于它能有效地解决现实世界向我们提出的各种问题，而数学模型正是联系数学与现实世界的桥梁. 数学建模就是根据实际问题来建立数学模型，再对数学模型进行求解，然后根据结果去解决实际问题. 引导学生进行数学建模的过程就是数学化的过程，也是思维训练的过程，有助于提高他们发现数学、“创造”数学、运用数学的能力和自身数学素养. 数学实验课可使学生了解利用数学理论、方法和软件分析和解决问题的全过程，培养他们的创造力和丰富的想像力；提高他们学习数学的兴趣和应用数学的意识与能力，使之在今后的工作中能经常想到用数学去解决问题；提高他们利用计算机软件及当代最新科技成果的能力，能将数学和计算机有机地结合起来解决实际问题. 数学软件是数学建模和数学实验中经常使用的工具软件，本书主要介绍数学实验与数学软件，其中软件主要介绍了 Mathematica，MATLAB，LINGO 和 Python 四种.

参加本书编写工作的有许春根(第一章)、李宝成(第二章)、王慧(第三章)和谢建春(第四章)，全书由许春根统筹定稿.

在本书编写过程中，编者得到了南京理工大学数学建模教学团队全体老师的支持和帮助，东南大学出版社吉雄飞编辑耐心细致而且专业的工作使本书增色不少，在此编者一并表示衷心感谢.

限于编者水平，书中错误与不足之处在所难免，敬请广大读者批评指正.

编者
2019 年 8 月

目　录

第一章　数学实验与 Mathematica 软件

实验一　数学实验与 Mathematica 软件应用

一、实验目的

了解数学实验的含义，初步掌握数学软件 Mathematica 的用法和基本功能.

二、实验内容

1. 什么是数学实验

一提到"数学实验"，人们不禁会问：做数学题不是靠一张纸、一支笔就行了吗，怎么像物理、化学一样要做实验了呢？随着智能化数学软件的出现，计算机不仅能完成复杂的数值计算，还能进行符号演算、绘制复杂的图形，甚至进行一些逻辑推理的工作. 数学实验正是计算机技术和数学软件引入数学教学后出现的新事物，是数学教学体系、内容和方法改革的一项尝试. 简单地说，数学实验就是以计算机和数学软件为"实验仪器和设备"，以数学理论为指导，在计算机上观察、研究一些特定的现象及其规律性的一种实践形式. 通过数学实验课可以加深我们对课堂内容的理解和掌握，化枯燥为有趣，化抽象为直观，化被动为主动，充分调动自己学习的积极性，发挥主观能动性，并且增强自己利用所学数学知识和数学软件解决实际问题的能力，激发学习数学的兴趣，为将来学好自己的专业打下坚实的数学基础.

数学实验课还是一门新课，其内容、模式并无一定之规. 目前国内已经试验的形式归纳起来主要是两种：一种是以数学知识为线索，贯穿数学建模，是一种"讲什么，学什么，做什么"的"半案例型"模式. 这种形式可与已设的有关数学课程统一考虑进行教学，争取在不打乱已有培养计划也不新增太多学时的情况下，实现数学课程体系、内容和教学方法的改革（我们开设的数学实验课可归纳为这一种模式，主要是配合高等数学、数学建模课程进行教学与学习）. 另一种是不拘泥于数学内容，而只重于案例选择，是一种"做什么，讲什么，学什么"的"全案例型"模式. 这种形式由于不受数学内容的太大限制，教学可以更加灵活，案例选择可以更侧重于培养学生研究问题的能力.

数学实验课的指导思想是以计算机为基础,以学生为中心,以问题为主线,以培养能力为目的来组织教学;使学生了解利用数学理论、方法和软件去分析和解决问题的全过程,培养学生的创造力和丰富的想像力;提高学生学习数学的兴趣和应用数学的意识与能力,使之在今后的工作中能经常想到用数学去解决问题;提高学生利用计算机软件及当代最新科技成果的能力,能将数学、计算机有机结合起来解决实际问题.

2. 数学软件 Mathematica 入门

随着科学的发展,数学计算技术在不断进步,出现了许多优秀的数学软件. 如果能熟练使用这些数学软件,就可以大大提高我们分析和解决数学问题的能力. 目前,较常见的数学软件有 Mathematica,MATLAB,Maple,SAS,LINGO,LINDO,SPSS,MathCAD 等. 本章我们先介绍 Mathematica 这一软件.

Mathematica 是美国 Wolfram Research 公司研制的一种数学软件,集文本编辑、符号计算、数值计算、逻辑分析、图形、动画、声音于一体,与 MATLAB,Maple 一起被称为目前国际上最流行的三大数学软件. Mathematica 以符号计算见长,同时具有强大的图形功能和高精度的数值计算功能. 在 Mathematica 中可以进行各种符号和数值运算,包括微积分、线性代数、概率论和数理统计等数学分支中公式的推演,数值求解非线性方程和最优化问题等,还可以绘制各种复杂的二维和三维图形,并能产生动画和声音.

Mathematica 的最初版本 1.0 版于 1988 年发布,1991 年推出 2.0 版,1996 年推出 3.0 版,此后又陆续推出多个版本,目前最新版本为 Mathematica 12.0 版. 本章相关介绍适应 Mathematica 9.0 及以上版本.

1) 输入与输出

在 Windows 环境下安装好 Mathematica 9.0(或以上版本),运行后,在计算机屏幕上将显示出一个工作窗口(Notebook 窗口)(如图 1.1 所示),系统暂时取名为 Untitled-1,这时可以在窗口中输入你想计算的数据. 例如输入:`1+2`,先按住 Shift 键不松开,再按下 Enter 键,这时 Mathematica 开始工作并计算出结果. 窗口中的显示是 `In[1]:=1+2;Out[1]:=3`. 这里“`In[1]:=` ”表示的是系统中的第一次输入,“`Out[1]:=` ”表示的是系统中的第一次输出,均是由系统自动加上的. 接下来是系统的第二次输入、输出,按这样的方式可利用 Mathematica 进行“会话式”计算.

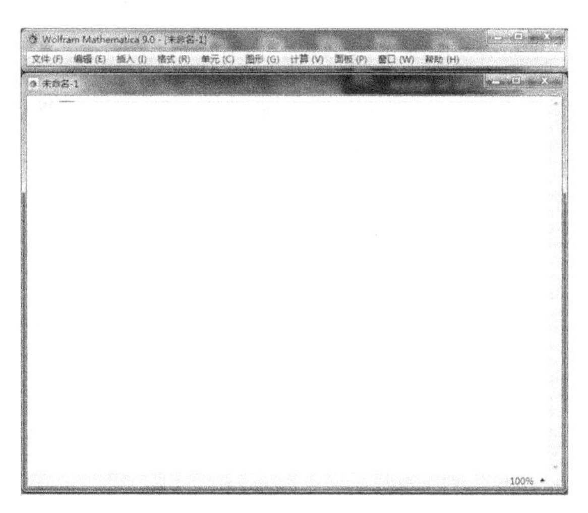

图 1.1

在第一次使用 Mathematica 时，请牢记以下几点：

(1) Mathematica 中字母大小写是有区别的，如 Name，name，NAME 等是不同的变量名或函数名.

(2) 系统所提供的功能大部分以系统函数的形式给出，内部函数一般写全称，而且一定是以大写英文字母开头，如 Sin[x]，Conjugate[z]等.

(3) Mathematica 中用＋，－，*，/ 和 ^ 分别表示算术运算中的加、减、乘、除和乘方. 乘法既可以用 *，又可以用空格表示，如 2 3＝2 * 3＝6，x y，2 Sin[x]等；乘幂可以用 ^ 表示，如 x^0.5，Tan[x]^y.

(4) 自定义的变量可以取几乎任意的名称且长度不限，但不可以数字开头. 当赋予一个变量任何一个值后，除非是明显地改变该值，或使用“Clear[变量名]”和“变量名＝.”取消该值，它将始终保持原值不变.

(5) 一定要注意四种括号的用法：

① 圆括号()表示项的结合顺序，如(x＋(y^x＋1/(2x)))；

② 方括号[]表示函数，如 Log[x]，Besselj[x,1]；

③ 大括号{}表示一个“表”(一组数字、任意表达式、函数等的集合)，如{2x，Sin[12 Pi]，{1＋A，y * x}}；

④ 双方括号[[]]表示“表”或“表达式”的下标，如 a[[2,3]]，{1,2,3}[[1]]＝1.

(6) Mathematica 的语句书写十分方便，一个语句可以分为多行写，同一行可以写多个语句(但要以分号间隔). 当语句以分号结束时，语句计算后不做输出(输出语句除外)，否则将输出计算的结果.

例 1 计算 6 的 30 次方.

在 Mathematica 的工作窗口中输入:6^30,先按住 Shift 键不松开,再按下Enter键,这时得到输出结果为 221073919720733357899776.

输入也可利用输入面板,依次点击菜单项中"面板"→"数学助手",则出现"数学助手"窗口(如图 1.2 所示).该面板中包含了常见的数学运算符,点击相关符号即可实现相应的数学运算输入.例如,点击 ,输入:6^{30},即可进行运算并得到同样的运算结果.

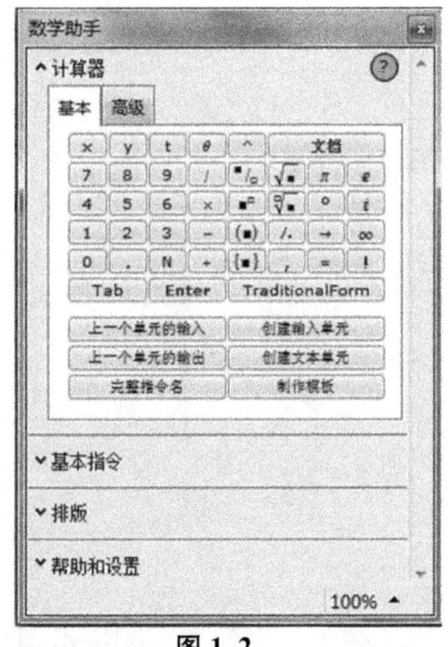

图 1.2

例 2 计算:$10+23\times34-\frac{24^2}{4}$.

输入:10+23*34-24^2/4

输出:648

2) 数的表示及计算

在 Mathematica 中我们不必考虑数的精确度,因为除非我们指定输出精度,Mathematica 总会以绝对精确的形式输出结果.例如,输入:378/123,系统会输出:126/41.如果想得到近似解,则应输入:N[378/123,5],即求其 5 位有效数字的数值解,系统会输出:3.0732.

Mathematica 与众不同之处还在于它可以处理任意大、任意小及任意位精度的数值,如 100^7000,2^(−2000)等数值可以很快求出,而这在其他语言或系统中是不可想象的.感兴趣的读者不妨输入 N[Pi,1000]一试.

Mathematica 还定义了一些系统常数,如上面提到的 Pi(圆周率的精确值),还有 E(自然对数的底数),I(复数单位),Degree(角度为 1°时的弧度值,即 Pi/180),Infinity(无穷大)等.不要小看这些简单的符号,它们包含的信息远远超出我们所熟知的它们的近似值,而且它们的精度是无限的.

例 3 求出圆周率 π 的 50 项精确值和 ln2 的 20 项精确值.

(1) 输入:N[Pi,50]

输出:3.1415926535897932384626433832795028841971693993751

(2) 输入:N[Log[2],20]

输出:0.69314718055994530942

需要注意 Mathematica 中已有函数的名称和格式.例如,Log[x]表示 $\ln x$,Arcsin[x]表示 $\arcsin x$.

3）“表”及其用法

“表”是 Mathematica 中一个相当有用的数据类型，它既可以作为数组，又可以作为矩阵；除此以外，我们还可以把任意一组表达式用一个或一组{}括起来，进行运算、存储. 可以说表是任意对象的一个集合，它不但能动态地分配内存，而且能方便地进行插入、删除、排序、翻转等几乎所有可以想象到的操作.

若我们建立了一个表，可以通过下表操作符[[]]（双方括号）来访问它的每一个元素. 如我们定义 table={2,Pi,{aaa,A*I}}为一个表，那么 table[[1]]就为 2，table[[2]]就是 Pi，而 table[[3,1]]表示嵌套在 table 中的子表{aaa,A*I}的第一个元素，即 aaa，table[[3,2]]表示{aaa,A*I}的第二个元素，即 A*I. 总之，表每一层次上并列的部分用逗号分割，并且表可以无穷嵌套. 可以用 Table 命令生成一个表，如 Table[a[n],{n,n0,n1,dn}]是以 n0 为起始变量，n1 为终止变量，步长为 dn，生成一个表（或称集合）{a[n]}；Table[a[n],{n,n0,n1}]是以 n0 为起始变量，n1 为终止变量，步长为 1，生成一个表（或称集合）{a[n]}.

我们可以通过 Append[表，表达式]或 Prepend[表，表达式]把表达式添加到表的最后面或最前面，例如 Append[{1,2,3},a]表示{1,2,3,a}. 我们还可以通过 Union[表 1，表 2，...]，Join[表 1，表 2，...]把几个表合并为一个表，二者不同之处是 Union 在合并时删除了各表中重复的元素，而 Join 仅是简单的合并. 我们也可以使用 Flatten[表]把表中所有子表“抹平”，合并成一个表；Patition[表，整数 n]则把表按每 n 个元素分段作为子表，再集合成一个表. 如 Flatten[{1,2,{Sin[x],dog},{{y}}}]表示{1,2,Sin[x],y}，而 Partition[{1,2,sin[x],y},2]则是把表按每两个元素进行分段，结果为{{1,2},{Sin[x],y}}. 还可以通过 Delete[表，位置]，Insert [表，位置]来向表中按位置删除或插入元素，如要删除上面提到的 table 中的 aaa，我们可以用 Delete [table,{3,1}]来实现. Sort[表]给出表中各元素的大小顺序；Reverse [表]，RotateLeft[表，整数 n]和 RotateRight[表，整数 n]可以分别将一个表进行翻转、左转 n 个元素、右转 n 个元素等操作；Length[表]给出了表第一个层次上的元素个数；Position[表，表达式]给出了表中出现该表达式的位置；Count[表，表达式]则给出表达式出现的次数. 各种表的操作函数还有很多，这里就不再一一介绍了.

例 4　生成一个表格 table={1,4,7,10,13,16,19,22}.

输入：`table=Table[i,{i,1,22,3}]`

输出：`{1,4,7,10,13,16,19,22}`

4）图形函数

Mathematica 的图形函数十分丰富，用寥寥几句就可以画出一个复杂的图形，而且可以通过变量和文件来存储与显示图形，具有极大的灵活性.

图形函数中最有代表性的函数为 Plot[表达式,{变量,下限,上限},可选项].其中,表达式还可以是一个“表达式表”,这样可以一次作出多个函数的图形;变量为自变量;上限和下限确定了作图的范围;可选项表示对作图的具体要求,可以要也可以不要,若不写系统会按默认值作图.例如,输入 `Plot[Sin[x],{x,-1,1},AspectRatio->1, PlotStyle->RGBColor[1,0,0], PlotPoints->30]`,则输出为 $y=\sin x$ 在区间[-1,1]上的图形. 其中,选项 AspectRatio->1 使图形的高与宽之比为 1(如果不输入这个选项,则命令默认图形的高宽比为黄金分割值);选项 PlotStyle->RGBColor[1,0,0]使曲线采用某种颜色,方括号内的三个数分别取 0 或 1;选项 PlotPoints->30 令计算机描点作图时,在每个单位长度内取 30 个点(增加这个选项会使图形更加精细). 除此以外,还有 PlotRange 表示作图的值域,PlotStyle 确定所画图形的线宽、线型、颜色等特性,AxesLabel 表示在坐标轴上作标记等等. Plot 命令也可以在同一个坐标系内作出几个函数的图形,只要用集合形式{f1[x],f2[x],...}代替f[x]即可.

(1) 二维函数作图

Plot[函数 f,{x,xmin,xmax},选项]:在区间[xmin,xmax]上,按选项的要求画出函数 f 的图形.

Plot[{函数 1,函数 2},{x,xmin,xmax},选项]:在区间[xmin,xmax]上,按选项的要求画出几个函数的图形.

例 5 画出 $y=x\sin\dfrac{1}{x}$,$x\in[-0.5,0.5]$的图形.

输入:`Plot[x*Sin[1/x],{x,-0.5,0.5}]`

输出:如图 1.3 所示.

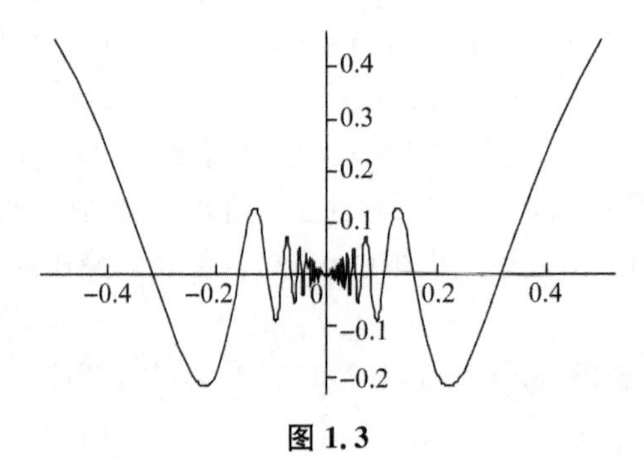

图 1.3

(2) 二维参数画图函数

ParametricPlot[{x[t],y[t]},{t,t0,t1},选项]:按选项的要求,画一个 x 轴和 y 轴坐标为{x[t],y[t]},参变量 t 在[t0,t1]中的参数曲线.

例 6　画出参数方程$\begin{cases} x=3\cos t, \\ y=\sin t \end{cases}$ $(t\in[0,2\pi])$所确定的曲线.

输入:`ParametricPlot[{3Cos[t],Sin[t]},{t,0,2Pi}]`

输出:如图 1.4 所示.

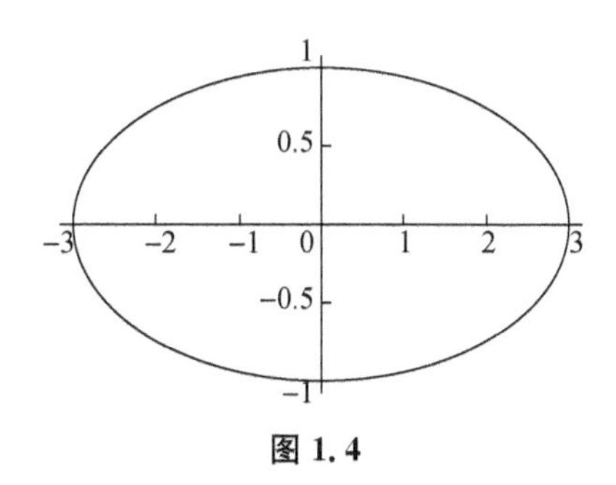

图 1.4

(3) 三维函数作图

Plot3D[f[x,y],{x,x0,x1},{y,y0,y1},选项]:按选项的要求,在区域

{(x,y)|x∈[x0,x1],y∈[y0,y1]}

上画出空间曲面 z=f(x,y).

例 7　画出 $f(x,y)=\sin x\cos y, x\in[-3,3], y\in[-3,3]$的图形.

输入:`Plot3D[Sin[x] Cos[y],{x,-3,3},{y,-3,3}]`

输出:如图 1.5 所示.

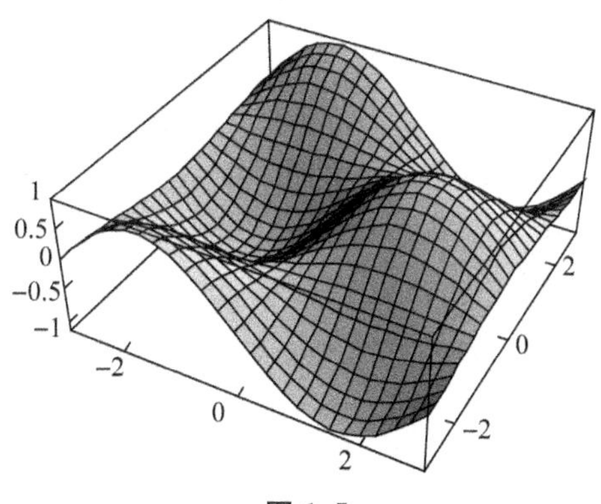

图 1.5

除了 Plot,以及二维参数方程作图的 ParametricPlot[{x(t),y(t)},{t,下限,上限},选项]、三维作图的 Plot3D[二维函数表达式,{变量 1,下限,上限},{变量 2,下限,上限},选项}]、三维参数方程作图的 ParametricPlot3D[{x(u,v),y(u,v),z(u,v)},{u,下限,上限},{v,下限,上限},选项]之外,还有画二维等高线图的 ContourPlot[二元表达式,{变量 1,下限,上限},{变量 2,下限,上限},选项}]、画二

维密度图的 DensityPlot[二元表达式,{变量 1,下限,上限},{变量 2,下限,上限},选项}]等等.

除使用上面所介绍的函数作图以外,Mathematica 还可以像其他语言一样使用图形元语言作图. 例如,画点函数 Point[x,y],画线函数 Line[x1,y1,x2,y2],画圆函数 Circle[x,y,r],画矩形和多边形的函数 Rectangle 和 Polygon,字符输出函数 Text[字符串,输出坐标];还有用颜色函数 RGBColor[red,green,blue],Hue[],GrayLevel[gray]来描述颜色的亮度、色度、灰度;用 PointSize[相对尺度],Thickness[相对尺度]来表示点和线的宽度. 总之,Mathematica 可以精确调节图形的每一个特征.

5) 数学函数的用法

Mathematica 提供了丰富的数学计算函数,包括极限、积分、微分、最值、极值、统计、规划等数学的多个领域,将复杂的数学计算问题简化为对函数的调用,极大地提高了解决问题的效率. Mathematica 中还可根据需要自定义函数.

Mathematica 提供了所有的三角、反三角、双曲、反双曲函数,各种特殊函数(如贝塞尔函数系、椭圆函数等),各种复数函数(如 Im[z],Re[z],Conjugate[z],Abs[z],Arg[z]),各种随机函数(如 Random[n]可通过不同参数产生任意范围内整型、实型任意分布的随机数)和矩阵运算函数(如求特征向量的 EigenVector[],求特征值的 EigenValue[],求逆的 Inverse[]等).

下面列举了一些常用函数:算术平方根$\sqrt{x}$(Sqrt[x]),指数函数 e^x(Exp[x]),对数函数$\log_a x$(Log[a,x]),对数函数 $\ln x$(Log[x]),三角函数(Sin[x],Cos[x],Tan[x],Cot[x],Sec[x]和 Csc[x]),反三角函数(ArcSin[x],ArcCos[x],ArcTan[x],ArcCot[x],ArcSec[x]和 ArcCsc[x]),双曲函数(Sinh[x],Cosh[x]和 Tanh[x]),反双曲函数(ArcSinh[x],ArcCosh[x]和 ArcTanh[x]),四舍五入函数(Round[x]),取整函数(Floor[x]),取模函数(Mod[m,n]),取绝对值函数(Abs[x]),n 的阶乘(n!),符号函数(Sign[x])和取近似值(N[x,n])(这里表示取 x 的有 n 位有效数字的近似值,当 n 缺省时,n 的默认值为 6).

Mathematica 还提供了大量的数学操作函数,例如取极限 Limit[f[x],x->a],求微分 D[f[x],x],求全微分 Dt[f[x],x],求不定积分 Integrate[f[x],x]以及定积分 Integrate[f[x],{x,a,b}],求解任意方程 Solve[lhs==rhs,x]以及微分方程 DSolve[lhs==rhs,x],解幂级数和傅里叶展开 Series[f[x]],Fourier[f[x]]以及它们的逆变化 InverseSeries,InverseFourier,求和函数 Sum[],求积函数 Product[]. 需要说明的是,以上函数均可以适用于多维函数或多维方程.

Mathematica 中还有相当数量的数值计算函数,最常用的 N[表达式,整数]可以求出表达式精确到指定有效数字的数值解；还有数值求积分 NIntegrate[]，求方程的数值根 NSolve[]和 NDSolve[]，以及求最小值 NFindMinimum[]和求最大值 NFindMaximum[]等等.

Mathematica 中还有各种表达式操作函数，如取分子、分母 Numerator[expr]和 Denominator[expr]，取系数 Coefficient[expr, form]，因式分解 Factor[expr]，以及表达式展开 Expand[expr]和 ExpandAll[expr]，表达式化简 Simplify[expr]等. 其中，expr 代表一个任意的表达式.

例 8　定义函数 $f(x)=x^2+\ln x$，并求 $f(\mathrm{e})$.

输入：
```
f[x_]:=x^2+Log[x]
f[E]
N[f[E]]
```
输出：$1+e^2$
```
8.38906
```

注：在 Mathematica 中可以自己定义函数，但应注意在表达式左端变量位置的后面加上一条下划线；等号前面有一个冒号“:”，表示立即赋值，定义时等号前面没有冒号也是可以的.

例 9　求数列极限 $\lim\limits_{n\to\infty}\left(1+\dfrac{1}{n}\right)^n$ 和函数极限 $\lim\limits_{x\to 0}\dfrac{\sin x}{x}$.

(1) 输入：`Limit[(1+1/n)^n,n->Infinity]`

输出：e

(2) 输入：`Limit[Sin[x]/x,x->0]`

输出：1

例 10　求函数 $\sin x$ 的导数.

输入：`D[Sin[x],x]`

输出：`Cos[x]`

例 11　求不定积分 $\int \sin x\mathrm{d}x$.

输入：`Integrate[Sin[x],x]`

输出：`-Cos[x]`

例 12　计算定积分 $\int_0^{2\pi}\sin x\mathrm{d}x$.

输入：`Integrate[Sin[x],{x,0,2Pi}]`

输出：0

例 13　求方程 $x^2+a=bx$ 的解，并利用解的结果计算 x^2+1 的值.

(1) 输入：`Solve[x^2+a==b x,x]`

输出：$\left\{\left\{x\to\frac{1}{2}(b-\sqrt{-4a+b^2})\right\},\left\{x\to\frac{1}{2}(b+\sqrt{-4a+b^2})\right\}\right\}$

(2) 输入：`x^2+1/.%`

输出：$\left\{1+\frac{1}{4}(b-\sqrt{-4a+b^2})^2,1+\frac{1}{4}(b+\sqrt{-4a+b^2})^2\right\}$

注：利用解的结果计算 x^2+1，其中“/.”的作用是利用右边式子中变量的指定值一次代入左式进行计算，如命令 `x^2+1/.x->2` 的输出结果为 5；“%”表示最近一次的输出，“%n”表示第 n 次输出，“%%”表示倒数第二次输出.

例 14 解微分方程：$y'=2y,y(0)=1$.

(1) 输入：`DSolve[y'[x]==2y[x],y[x],x]`

输出：{{y[x]→e^{2x}c[1]}}

(2) 输入：`DSolve[{y'[x]==2y[x],y[0]==1},y[x],x]`

输出：{{Y[x]→e^{2x}}}

注：求解常微分方程或常微分方程组的函数的一般形式是 DSolve[eqns,y[x],x]，即解 $y(x)$的微分方程或方程组 eqns，其中 x 为变量，方程 eqns 中的等号为双等号. NDSolve[eqns,y[x],x,{xmin,xmax}]是在区间[xmin,xmax]上求解常微分方程或常微分方程组 eqns 的数值解.

例 15 把 $y=\sin 2x$ 展开成六阶麦克劳林公式.

(1) 输入：`Series[Sin[2x],{x,0,6}]`

输出：$2x-\frac{4x^3}{3}+\frac{4x^5}{15}+o[x]^7$

(2) 输入：`Normal[%]`

输出：$2x-\frac{4x^3}{3}+\frac{4x^5}{15}$

注：幂级数展开函数 Series 的一般形式是 Series[expr,{x,x0,n}]，即将 expr 在 x=x0 点展开成 n 阶的级数. Normal 命令是去掉余项.

例 16 对多项式 x^9+y^9 进行因式分解.

输入：`Factor[x^9+y^9]`

输出：$(x+y)(x^2-xy+y^2)(x^6-x^3y^3+y^6)$.

注：若再输入 `Simplify[%]`，将输出 x^9+y^9.

例 17 将表达式 $\frac{8+3x}{(2+x)(3+x)}$ 展开成部分分式形式.

输入：`Apart[(8+3x)/((2+x)(3+x))]`

输出：$\frac{2}{x+2}+\frac{1}{x+3}$

6）程序流程控制

循环语句中，For[赋初值，循环条件，增量语句，语句块]表示如果满足循环条件，则执行语句块和增量语句，直到不满足条件为止；While[test，block]表明如果满足条件 test，则反复执行语句块 block，否则跳出循环；Do[block，{i，imin，imax，istep}]与 While 语句功能是相同的；还有 Goto[lab]，Label[lab]提供了程序中无条件跳转，Continue[]和 Break[]提供了继续循环或跳出循环的控制，Catch[语句块 1]和 Throw[语句块 2]提供了运算中对异常情况的处理. 另外，在程序中书写注释可以用“(*”和“*)”将其括起来，并且注释可以嵌套.

例 18　求 $\sum_{i=1}^{100} i$.

输入：
```
s=0;
For[i=1,i<=100,i++,s=s+i]
s
```
输出：
```
5050
```

7）保存与退出

Mathematica 很容易保存 Notebook 中显示的内容，只要打开位于窗口第一行的 File 菜单，点击 Save 后得到保存文件时的对话框，按要求操作后即可把所要的内容存储为 *.nb 文件. 如果只想保存全部输入的命令，而不想保存全部输出结果，则可以打开下拉式菜单 Kernel，选中 Delete All Output，然后执行保存命令. 而退出 Mathematica 与退出 Word 的操作是一样的.

8）其他

（1）Mathematica 的帮助文件提供了 Mathematica 内核基本用法的详细说明，读者可以参照学习.

（2）可以使用“?符号名”或“??符号名”来获得关于该符号（函数名或其他）的粗略或详细介绍. 符号名中还可以使用通配符，例如输入“?M*”，则系统将给出所有以 M 开头的关键词和函数名；又如输入“??For”，将会得到关于 For 语句的格式和用法的详细情况.

（3）在 Mathematica 的编辑界面中输入语句和函数，并确认光标处于编辑状态（不断闪烁），然后按 Shift+Enter 键来对这一段语句进行求值. 如果语句有错，系统将用红色字体标出出错信息，我们可以对已输入的语句进行修改，再运行. 如果运行时间太长，我们还可以通过 Alt+.（Alt+句号）键来中止求值.

（4）对函数名不确定的，可先输入前面几个字母（开头一定要大写），然后按 Ctrl+K 键，系统会自动补全该函数名.

三、练习

1. 试做几次进入和退出 Mathematica 系统.

2. 计算下列各式的值:

(1) 621^{10}; (2) $\sqrt{\pi^2+2}$; (3) $\log_3 264$;

(4) $\sqrt{e^e}$; (5) $\sin 25°$; (6) $\ln(2+20!)$.

3. 计算下列各式分别到 10 位、20 位、30 位精度:

(1) $\pi+e$; (2) $e\sqrt{\pi^2+1}$; (3) $\ln\ln(10^{2\pi}+2)$.

4. 求 2^{160},它是一个多少位的数? 再求 300!,它是一个多少位的数?

5. 自定义函数 $f(x)=\dfrac{\sin x+x}{\ln x}$,$g(x)=x^{20}e^{2x}$,并求出 $f(2)$,$g(3)$.

实验二 函数与导函数的作图

一、实验目的

通过对 Mathematica 二维作图命令的使用,掌握函数、导函数的性质以及它们图形之间的关系.

二、实验内容

1. 基本命令

Plot[函数 f,{x,xmin,xmax},选项]:在区间[xmin,xmax]上,按选项的要求画出函数 f 的图形.

Plot[{函数 1,函数 2},{x,xmin,xmax},选项]:在区间[xmin,xmax]上,按选项的要求画出几个函数的图形.

ParametricPlot[{x[t],y[t]},{t,t0,t1},选项]:按选项的要求,画一个 x 轴和 y 轴坐标为{x[t],y[t]},参变量 t 在[t0,t1]中的参数曲线.

PolarPlot[r[t],{t,tmin,tmax},选项]: 按选项的要求,画出极坐标方程为 r=r(t)的图形.

ContourPlot[隐函数方程,变量的范围,作图选项]:按选项的要求,画出隐函数方程确定的函数图形.

ListPlot[dd,选项]:根据选项要求,把数据点 dd 在平面上画出来.

Table[a[n],{n,n0,n1,dn}]:以 n0 为起始变量,n1 为终止变量,步长为 dn,生成一个表(或称集合){a[n]};如果 dn 值缺省,则以 n0 为起始变量,n1 为终止变量,步长为 1,生成一个表(或称集合){a[n]}.

D[f[x],x]:给出 f(x)对 x 的导函数.

2. 画函数的图形

例 1　画出 $y=\tan x, x\in[-2\pi,2\pi]$的图形,并在同一幅图上用不同颜色画出 $y=\tan x, x\in[-2\pi,2\pi]$和 $y=\cos x, x\in[-2\pi,2\pi]$的图形.

(1) 输入:`Plot[Tan[x],{x,-2Pi,2Pi}]`

输出:如图 1.6 所示.

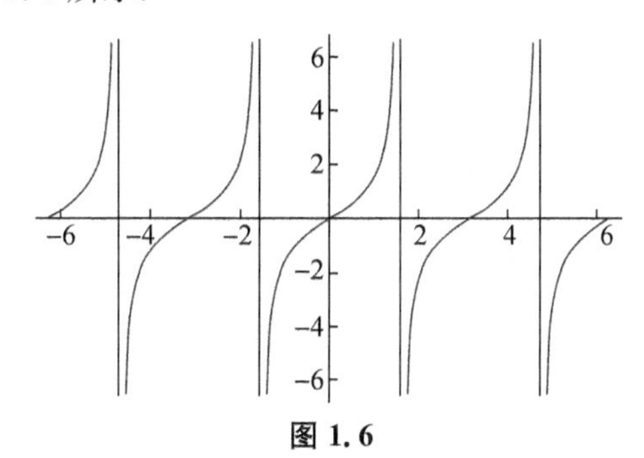

图 1.6

(2) 输入:`Plot[{Tan[x],Cos[x]},{x,-2Pi,2Pi},PlotStyle->{RGBColor[1,0,0],RGBColor[0,1,0]}]`

输出:如图 1.7 所示.

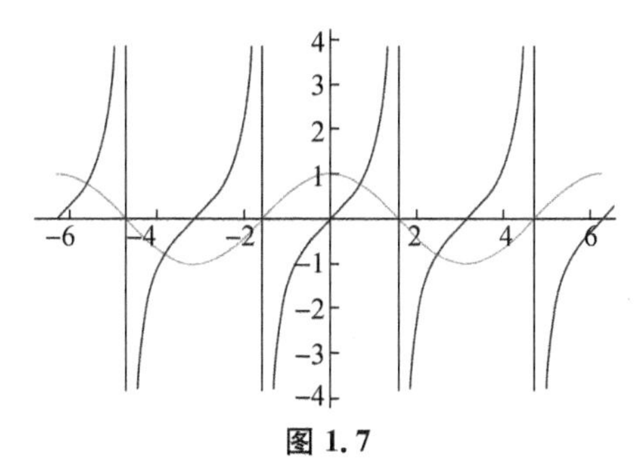

图 1.7

注:`PlotStyle->{RGBColor[1,0,0],RGBColor[0,1,0]}`表示用不同颜色画函数图形,PlotStyle 是 Plot 命令的可选项.

例 2　画出 $y=\sin\dfrac{1}{x}, x\in[-1,1]$的图形,并观察在 $x=0$ 点附近函数值的变化情况,由此判断 $x=0$ 是什么类型的间断点.

输入:`Plot[Sin[1/x],{x,-1,1}]`

输出:如图 1.8 所示.

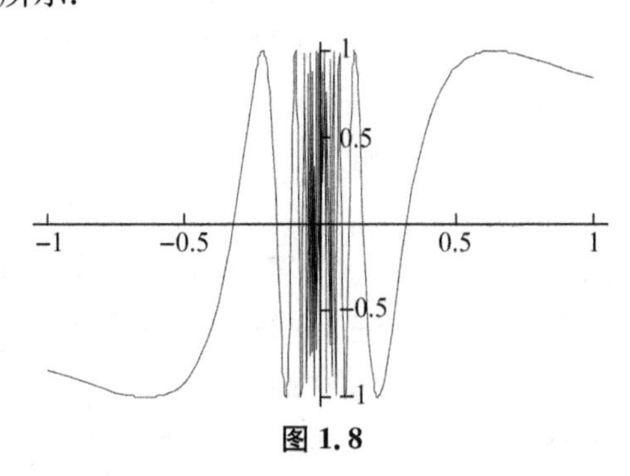

图 1.8

当 $x=\frac{1}{n}$ 时,$y=\sin n$. 为了观察该函数在 $x=0$ 点附近函数值的变化情况,首先是画出曲线上的点 $\left(\frac{1}{n},\sin n\right)$ 的图形(如图 1.9 所示),然后观察其中的部分点 $\left(\frac{1}{1+44i},\sin(1+44i)\right)$ 的图形(如图 1.10 所示)(注意 $44\approx 14\pi$,$\sin x$ 是周期函数).

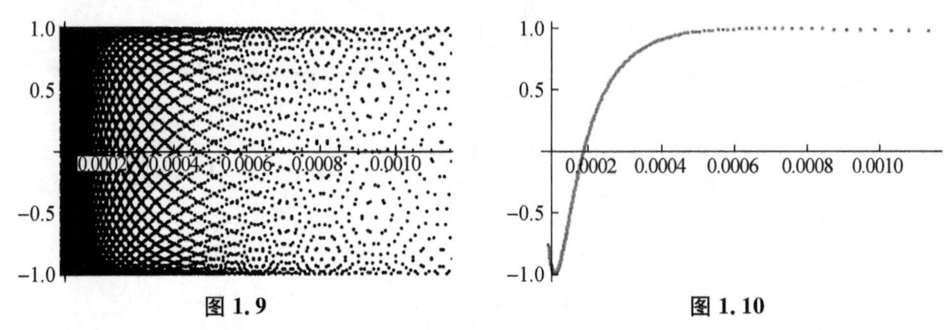

图 1.9 **图 1.10**

输入:

```
dd=Table[{1/n,Sin[n]},{n,1,11000}];
show1=ListPlot[dd]
dd=Table[{1/n, Sin[n]},{n,1,11000,44}];
show2=ListPlot[dd,PlotStyle->RGBColor[1,0,0]]
Show[show1,show2]
```

输出:如图 1.11 所示.

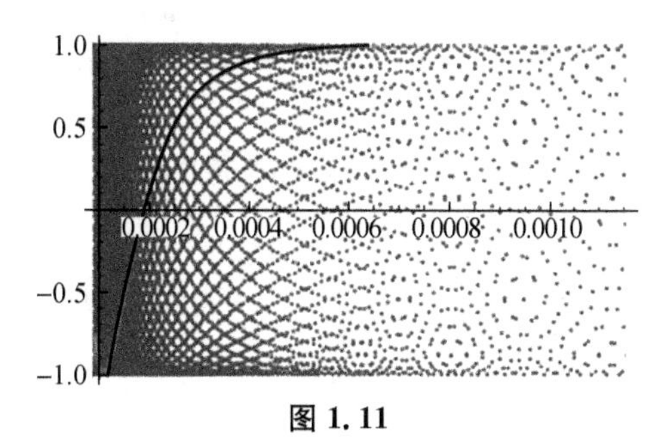

图 1.11

通过观察可知 $y=\sin\frac{1}{x}$ 在 $x=0$ 点附近是无穷振荡的，属于第二类间断点.

例 3 画出 $y=\frac{1}{1+e^{\frac{1}{x}}}$ 和 $y=\frac{1}{1-e^{\frac{x^2}{1-x}}}$ 的图形，并观察间断点.

(1) 输入：`Plot[1/(1+E^(1/x)),{x,-5,5}]`

输出：如图 1.12 所示.

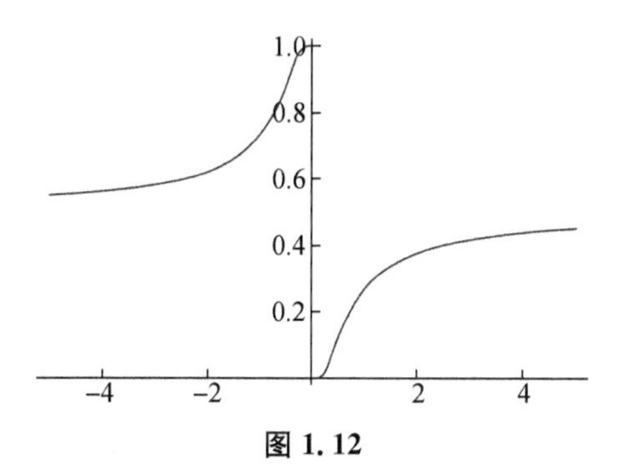

图 1.12

(2) 输入：`Plot[1/(1-E^(x^2/(1-x))),{x,-5,5},PlotRange->{-4,2}]`

输出：如图 1.13 所示.

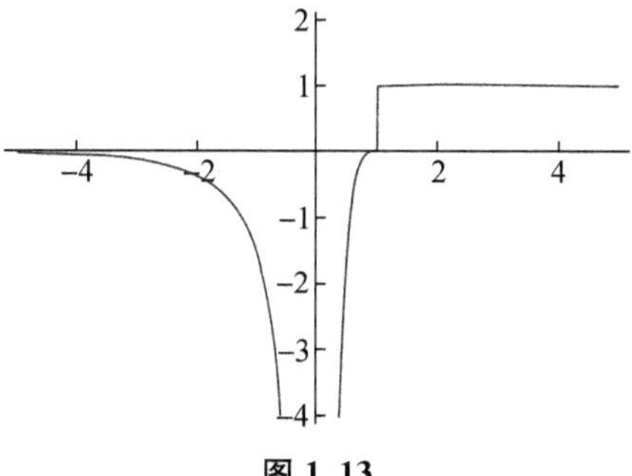

图 1.13

通过观察和简单推理，可知 $x=0$ 是 $y=\frac{1}{1+e^{\frac{1}{x}}}$ 的跳跃间断点；$x=0$ 是 $y=\frac{1}{1-e^{\frac{x^2}{1-x}}}$ 的无穷间断点，$x=1$ 是 $y=\frac{1}{1-e^{\frac{x^2}{1-x}}}$ 的跳跃间断点.

例 4 作出摆线 $\begin{cases}x=a(t-\sin t),\\ y=a(1-\cos t)\end{cases}$ 当 $a=2, t\in[0,4\pi]$ 时的图形.

输入：
```
ParametricPlot[{2(t-Sin[t]),2(1-Cos[t])},{t,0,4Pi},
    PlotRange->All]
```
输出：如图 1.14 所示.

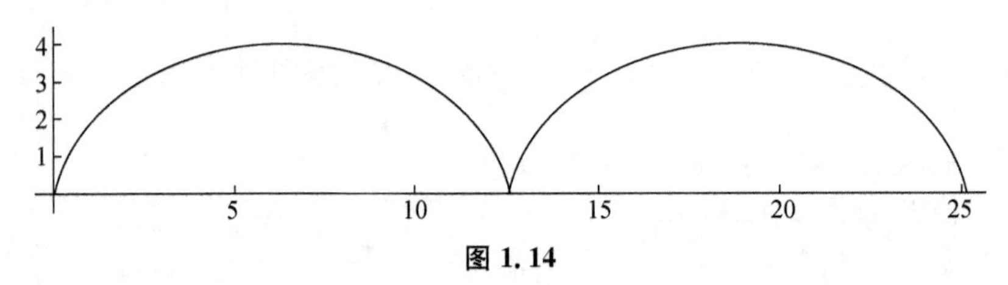

图 1.14

注：这里是根据摆线的参数方程画出它的图形.

例 5 观察参数方程 $\begin{cases}x=\text{ch}t,\\ y=\text{sh}t\end{cases}$ 和 $\begin{cases}x=-\text{ch}t,\\ y=\text{sh}t\end{cases}$ 在 $t\in[-4,4]$ 时的图形，你能说出它们是什么曲线吗？

输入：
```
ParametricPlot[{Cosh[t],Sinh[t]},{t,-4,4}];
ParametricPlot[{-Cosh[t],Sinh[t]},{t,-4,4}];
Show[%,%%,PlotRange->All]
```
输出：如图 1.15 所示.

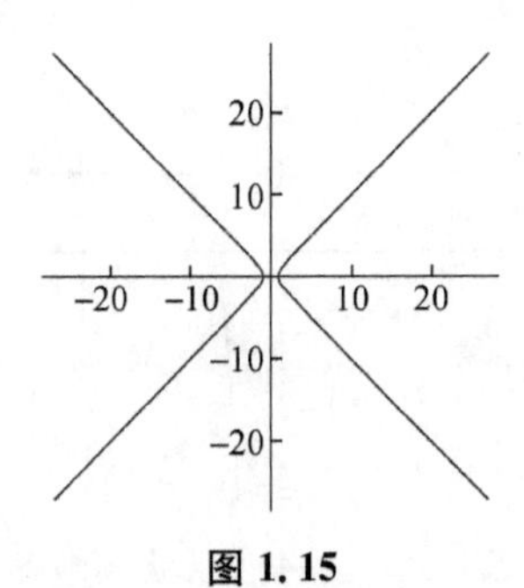

图 1.15

通过观察和简单分析，可知该图形是双曲线.

注：sh$t$ 和 ch$t$ 在 Mathematica 中的表达式分别是 Sinh[t]和 Cosh[t]，而命令

Show[%,%%]是把前两个输出的图形在一个图上显示.

例 6　作出心形线 $\rho=2(1-\cos t)$ 和三叶玫瑰线 $\rho=3\sin 3t$ 的图形.

输入:

```
PolarPlot[2(1-Cos[t]),{t,0,2Pi}]
PolarPlot[3Sin[3t],{t,0,2Pi}]
```

输出:分别如图 1.16(a)和(b)所示.

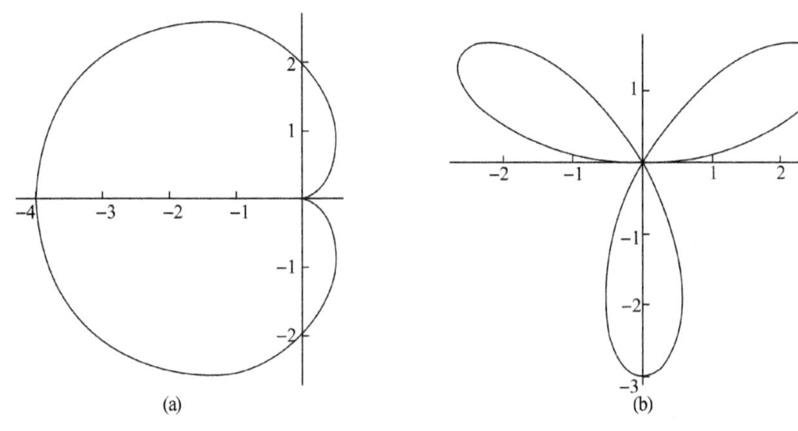

图 1.16

例 7　作出椭圆 $\frac{x^2}{9}+\frac{y^2}{4}=1$ 和双纽线 $(x^2+y^2)^2=2xy$ 的图形.

输入:

```
Clear[x,y]
ContourPlot[x^2/9+y^2/4==1,{x,-3,3},{y,-2,2}]
ContourPlot[(x^2+y^2)^2==2 x y,{x,-1,1},{y,-1,1}]
```

输出:分别如图 1.17(a)和(b)所示.

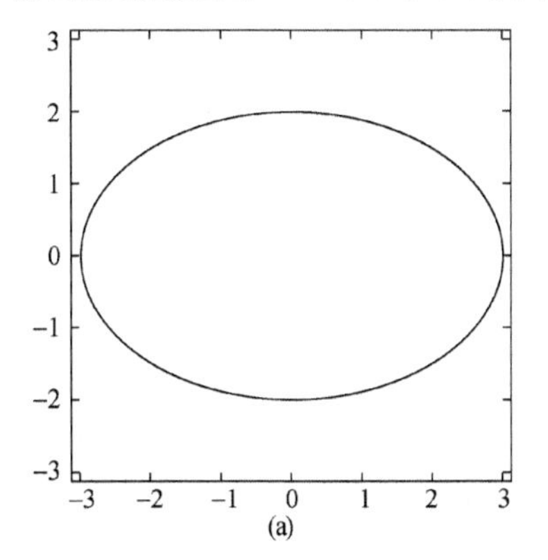

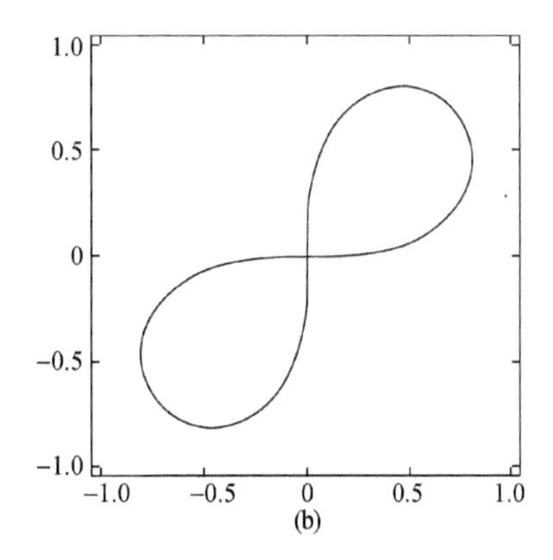

图 1.17

注:这里是根据方程作出隐函数的图形,Clear[x,y]是清除变量的值,使它们没有被赋值,方程中的等号为双等号"==".

3. 导函数作图

例 8 作出函数 $y=e^{-\frac{x^2}{2}}$ 以及它的导函数的图形,并分析它们的性质.

(1) 输入:

```
f[x_]=E^(-x^2/2)
g1=Plot[f[x],{x,-4,4}]
```

输出:如图 1.18 所示.

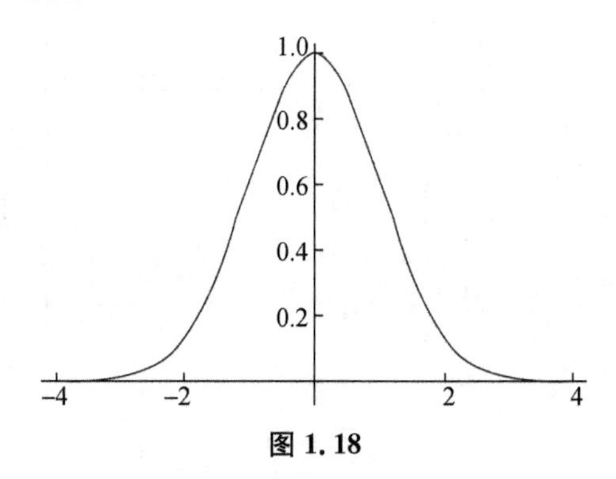

图 1.18

(2) 输入:

```
g[x_]=D[f[x],x]
g2=Plot[g[x],{x,-4,4}]
```

输出:如图 1.19 所示.

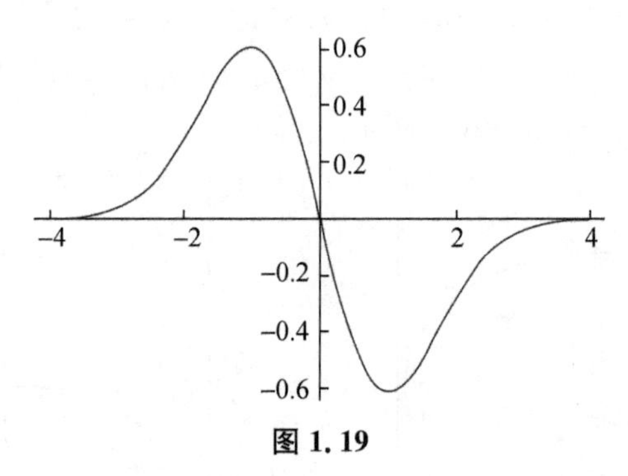

图 1.19

(3) 输入:

```
Plot[{f[x],g[x]},{x,-4,4},
  PlotStyle->{RGBColor[1,0,0],RGBColor[0,1,0]}]
```

输出:如图 1.20 所示.

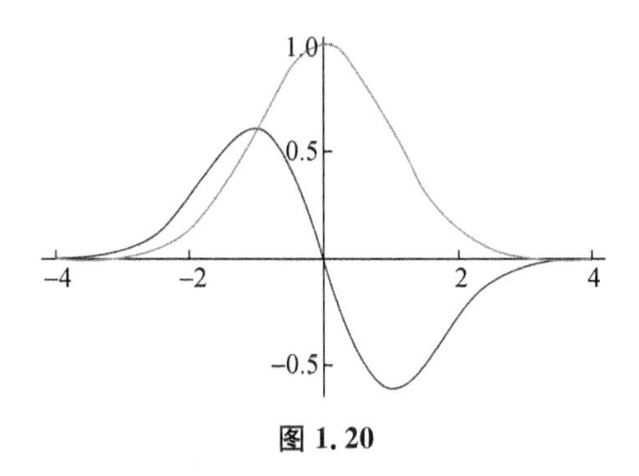

图 1.20

(4) 输入：

```
Solve[D[f[x],{x,2}]==0,x]
Solve[D[f[x],x]==0,x]
```

输出：

```
{{x→-1},{x→1}}
{{x→0}}
```

通过观察上述图形及一阶导函数方程、二阶导函数方程的求解结果，分析它们之间的关系可知：$x=0$ 是函数 $y=e^{-\frac{x^2}{2}}$ 的驻点，$(-1,e^{-\frac{1}{2}})$ 和 $(1,e^{-\frac{1}{2}})$ 是它的拐点. 该函数在概率论中有重要应用.

三、练习

1. 作出函数 $y=\dfrac{(x-1)^3}{(x+1)^2}$ 的图形，并观察它的间断点、驻点和拐点.

2. 输入以下命令，观察函数的叠加：

```
g1= Plot[x,{x,-4,4},PlotStyle->{RGBColor[0,1,0]}]
g2= Plot[2 Sin[x],{x,-4,4},PlotStyle->{RGBColor[1,1,0]}]
g3= Plot[x+2 Sin[x],{x,-4,4},PlotStyle->{RGBColor[1,0,0]}]
Show[g1,g2,g3]
```

3. 分别用 ParametricPlot 和 PolarPlot 两种命令作出五叶玫瑰线 $r=4\sin 5\theta$ 的图形.

4. 作出椭圆 $x^2+y^2=xy+4$ 的图形.

5. 作出函数 $y=x^3-5x^2+3x-5$ 以及它的导函数的图形，再进行比较，并求出函数的极值点和拐点.

实验三 不定积分与定积分

一、实验目的

掌握用 Mathematica 求函数的不定积分和定积分的方法，加深理解定积分定义中分割、近似、求和、取极限的思想方法.

二、实验内容

1. 基本命令

Integrate[f,x]：计算 $f(x)$的不定积分 $\int f(x)\mathrm{d}x$. Integrate 函数主要计算只含有“简单函数”的被积函数，这里“简单函数”包括有理函数、指数函数、对数函数、三角函数与反三角函数.

Integrate[f,{x,a,b}]：计算定积分 $\int_a^b f(x)\mathrm{d}x$. 计算定积分和不定积分是同一个 Integrate 函数，但在计算定积分时，除了要给出变量外，还要给出积分的上下限. 当定积分算不出准确结果时，用“N[%]”命令总能得到其数值解.

NIntegrate[f,{x,a,b}]：计算定积分 $\int_a^b f(x)\mathrm{d}x$ 的数值解. NIntegrate 也是计算定积分的函数，其使用方法与形式和 Integrate 函数相同，但用 Integrate 函数计算定积分得到的是准确解，而 NIntegrate 函数计算定积分得到的是近似数值解.

Sum[f[i],{i,imin,imax}]：计算和式 $\sum_{i=\mathrm{imin}}^{\mathrm{imax}} f(i)$.

2 求不定积分

例 1 计算 $\int x\sin x\mathrm{d}x$.

输入：`Integrate[x Sin[x],x]`

输出：`-xCos[x]+Sin[x]`

例 2 计算 $\int \mathrm{e}^{-x^2}\mathrm{d}x$.

输入：`f=Integrate[E^(-x^2),x]`

输出：$\frac{1}{2}\sqrt{\pi}$`Erf[x]`

我们知道 $\int e^{-x^2}\mathrm{d}x$ 是积不出来的(原函数不能用初等函数的有限形式表示),而 Mathematica 只不过给出了这种非初等函数的一种表示. 下面我们作出两种函数的图形.

输入:

```
Plot[E^(-x^2),{x,-5,5},PlotRange->{0,1}]
Plot[f,{x,-5,5}]
```

输出:分别如图 1.21 和图 1.22 所示.

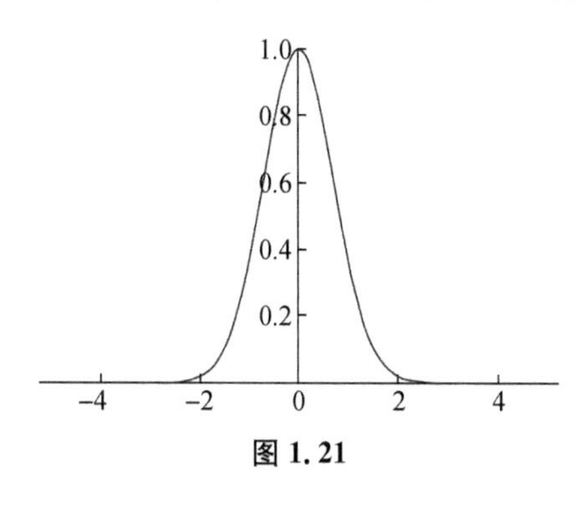

图 1.21

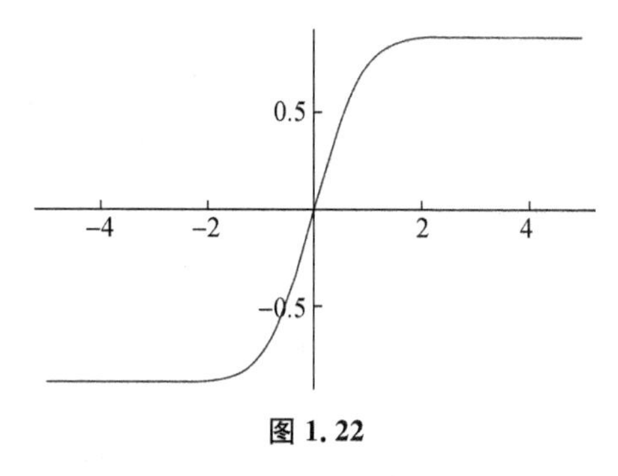

图 1.22

3. 求定积分

例 3　计算 $\int_0^{\frac{\pi}{2}} x\sin x\mathrm{d}x$.

输入:`Integrate[x Sin[x],{x,0,Pi/2}]`

输出:`1`

例 4　用 NIntegrate 命令计算 $\int_0^1 e^{-x^2}\mathrm{d}x$ 的近似解.

输入:`NIntegrate[E^(-x^2),{x,0,1}]`

输出:`0.746824`

例 5　分别用矩形法和梯形法计算 $\int_0^1 e^{-x^2}\mathrm{d}x$ 的近似解.

(1) 输入:

```
Clear[i,n]
s1[n_]:=N[Sum[E^(-((i-1)/n)^2)/n,{i,1,n}]]
s1[10]
s1[100]
s1[1000]
s1[10000]
```

输出:分别为 0.777817,0.749979,0.74714,0.746856.

(2) 输入:

```
s2[n_]:=N[Sum[E^(-((2i-1)/(2n))^2)/n,{i,1,n}]]
s2[10]
s2[100]
s2[1000]
s2[10000]
```

输出:分别为 0.747131,0.746827,0.746824,0.746824.

(3) 输入:

```
s3[n_] :=N[Sum[E^(-(i/n)^2)/n,{i,1,n}]]
s3[10]
s3[100]
s3[1000]
s3[10000]
```

输出:分别为 0.714605,0.743657,0.746508,0.746793.

(4) 输入:

```
s4[n_] :=N[Sum[E^(-(i/n)^2)/n,{i,1,n-1}]]+(E^0+E^(-1))/(2n)
s4[10]
s4[100]
s4[1000]
s4[10000]
```

输出:分别为 0.746211,0.746818,0.746824,0.746824.

注:矩形法是用小矩形面积近似代替小曲边梯形面积,梯形法是用小直边梯形面积代替小曲边梯形面积. 上面的 s1,s2 和 s3 是在矩形法中分别以左端点、中点和右端点为小矩形的高的计算结果,s4 是梯形法的计算结果. 可以看出矩形法的误差较大,梯形法的精度较高.

例 6 近似计算椭圆的周长.

设椭圆的参数方程为

$$\begin{cases} x=a\cos t, \\ y=b\sin t, \end{cases} \quad 0\leqslant t\leqslant 2\pi, 0<b\leqslant a,$$

我们知道椭圆的面积为 πab,那么椭圆的周长 s 是多少呢?

设椭圆的离心率为 $e=\frac{1}{a}\sqrt{a^2-b^2}$,根据弧长的计算公式可得

$$s=4\int_0^{\frac{\pi}{2}}\mathrm{d}s=4a\int_0^{\frac{\pi}{2}}\sqrt{1-e^2\cos^2 t}\,\mathrm{d}t,$$

又由于上式中被积函数$\sqrt{1-e^2\cos^2 t}$的原函数不是初等函数,因此不能直接积分得出结果.

我们称$\int_0^{\frac{\pi}{2}}\sqrt{1-e^2\cos^2 t}\,\mathrm{d}t$为完全椭圆积分. 由近似公式$\sqrt{1+x}\approx 1+\frac{x}{2}$可得$\sqrt{1-e^2\cos^2 t}\approx 1+\frac{-e^2\cos^2 t}{2}$,所以

输入:

```
Clear[a,b,e]
s=4a*Integrate[1-e^2*Cos[t]^2/2,{t,0,Pi/2}]
```

输出:$-\frac{1}{2}a(-4+e^2)\pi$

当 $a=b$ 时,$e=0$,这时为圆,从而 $s=2\pi a$.

再输入:

```
a=3;b=2;e=1/a Sqrt[a^2-b^2];
N[s]
```

则输出:16.2316

也就是说,当 $a=3$,$b=2$ 时,$s=16.2316$,此即为椭圆周长的近似值.

我们还可以利用 NIntegrate 计算椭圆周长,它的精度很高. 即

输入:`4 a NIntegrate[Sqrt[1-e^2 Cos[t]^2],{t,0,Pi/2}]`

输出:15.8654

和上面的结果比较,可发现两者之间还是有较大误差的.

三、练习

1. 求下列不定积分:

(1) $\int\sqrt{x\sqrt{x\sqrt{x}}}\,\mathrm{d}x$;　　(2) $\int\left(\frac{1}{\sqrt{1-x^2}}-6\mathrm{e}^x\right)\mathrm{d}x$.

2. 求下列定积分:

(1) $\int_0^{\frac{\pi}{4}}\cos^7(2x)\,\mathrm{d}x$;　　(2) $\int_0^1(1-x^2)^{50}\,\mathrm{d}x$.

3. 求$\int_0^{\pi}\mathrm{e}^{-x^2}\cos x^2\,\mathrm{d}x$的近似值.

4. 将[1,2]进行 100 等分,用矩形法、梯形法分别计算$\int_1^2\frac{\mathrm{d}x}{x}$.

5. 求椭圆$\frac{x^2}{16}+\frac{y^2}{25}=1$的周长的近似值.

实验四　空间图形

一、实验目的

能够利用 Mathematica 作出二元函数的图形以及由参数方程所确定的空间图形,加深对常见二次曲面的了解.

二、实验内容

1. 基本命令

Plot3D[f[x,y],{x,x0,x1},{y,y0,y1},选项]:在区域 x∈[x0,x1]和 y∈[y0,y1]上作出空间曲面 f(x,y).

ParametricPlot3D[{x(u,v),y(u,v),z(u,v)},{u,u0,u1},{v,v0,v1},选项]:在区域 u∈[u0,u1],v∈[v0,v1]上作出参数方程所确定的曲面$\begin{cases}\mathrm{x}=\mathrm{x}(\mathrm{u},\mathrm{v}),\\ \mathrm{y}=\mathrm{y}(\mathrm{u},\mathrm{v}),\\ \mathrm{z}=\mathrm{z}(\mathrm{u},\mathrm{v}).\end{cases}$

ParametricPlot3D[{x(u),y(u),z(u)},{u,u0,u1}},选项]:在区域 u∈[u0,u1]上作出参数方程所确定的曲线$\begin{cases}\mathrm{x}=\mathrm{x}(\mathrm{u}),\\ \mathrm{y}=\mathrm{y}(\mathrm{u}),\\ \mathrm{z}=\mathrm{z}(\mathrm{u}).\end{cases}$

如果知道我们二元函数 $z=f(x,y)$ 的表达式,可以用 Plot3D 作图;如果我们知道空间曲线的参数方程$\begin{cases}x=x(u),\\ y=y(u),\\ z=z(u)\end{cases}$,或空间曲面的参数方程$\begin{cases}x=x(u,v),\\ y=y(u,v),\\ z=z(u,v),\end{cases}$则可以用 ParametricPlot3D 作图.

2. 作空间三维图形

例 1　作出 $z=x^2+y^2$ 在$[-2,2]\times[-2,2]$上的图形.

输入:

```
Plot3D[x^2+y^2,{x,-2,2},{y,-2,2}]
ParametricPlot3D[{u*Cos[t],u*Sin[t],u^2},{u,-2,2},{t,0,2Pi}]
```

输出:分别如图 1.23 和图 1.24 所示.

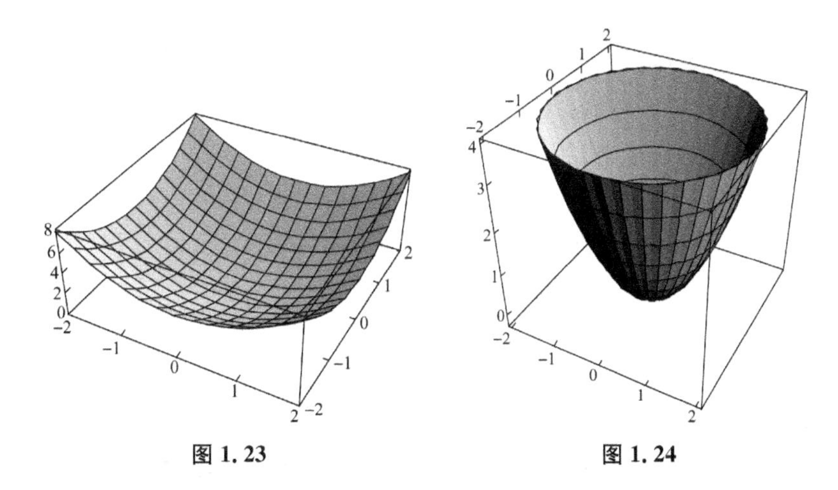

图 1.23　　　　图 1.24

例 2　作出半锥面 $z=\sqrt{x^2+y^2}$ 以及锥面 $z^2=x^2+y^2$ 在[−2,2]×[−2,2]上的图形.

输入：

```
Plot3D[Sqrt[x^2+y^2],{x,-2,2},{y,-2,2},
  ViewPoint->{1.4,-4.2,0.6}]
ParametricPlot3D[{u*Cos[t],u*Sin[t],u},{u,-2,2},{t,0,2Pi}]
```

输出：分别如图 1.25 和图 1.26 所示.

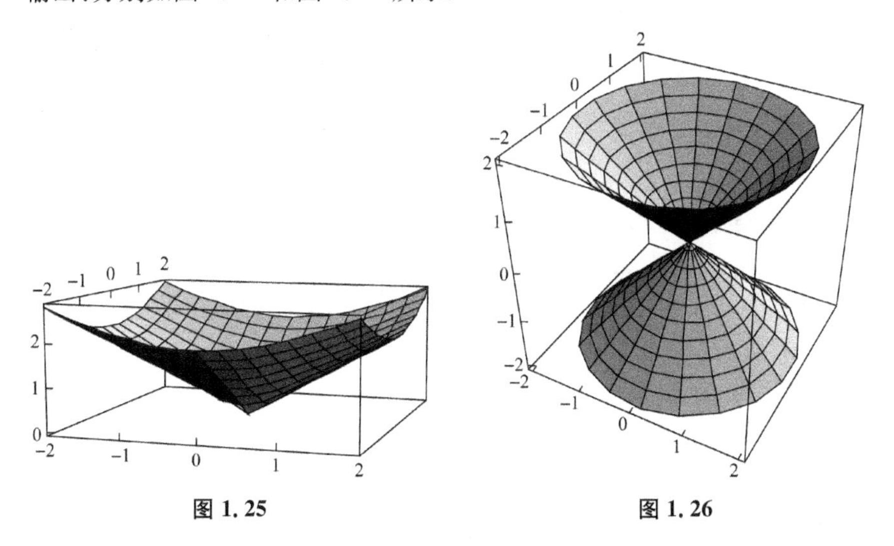

图 1.25　　　　图 1.26

注：可选项 ViewPoint 是给定观察图形的视点.

例 3　作出球面 $x^2+y^2+z^2=1$ 的图形.

首先写出球面的参数方程

$$\begin{cases} x=\sin u\cos v, \\ y=\sin u\sin v, \quad 0\leqslant u\leqslant\pi, 0\leqslant v\leqslant 2\pi, \\ z=\cos u, \end{cases}$$

再利用 ParametricPlot3D 来作出图形.

输入:
```
ParametricPlot3D[{Sin[u] Cos[v],Sin[u] Sin[v],Cos[u]},
      {u,0,Pi},{v,0,2Pi}]
```

输出:如图 1.27 所示.

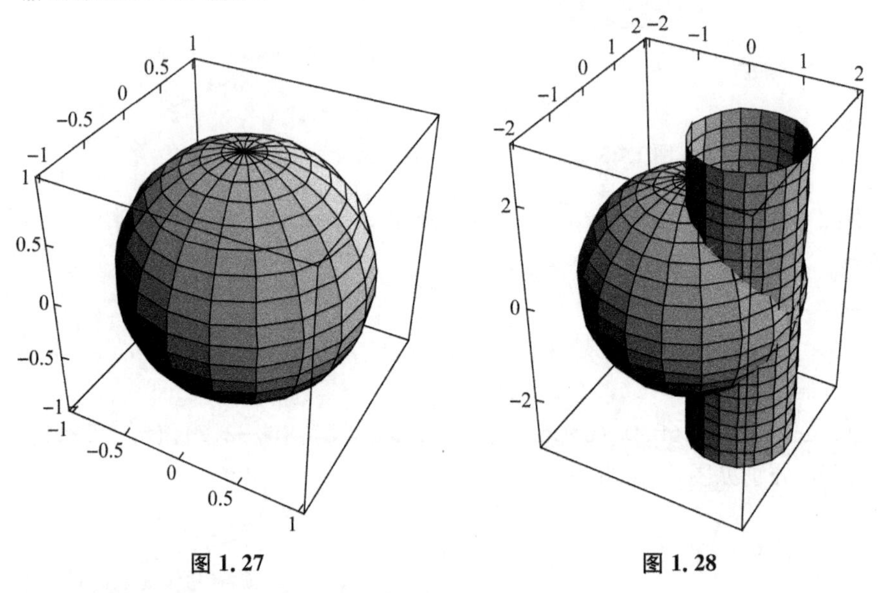

图 1.27　　图 1.28

例 4　作出球面 $x^2+y^2+z^2=2^2$ 和柱面 $(x-1)^2+y^2=1$ 相交的图形.

输入:
```
g1 =ParametricPlot3D[{2 Sin[u]*Cos[v],2 Sin[u]*Sin[v],2 Cos[u]},
  {u,0,Pi},{v,0,2Pi}];
g2=ParametricPlot3D[{1+Cos[u],Sin[u],v},{u,0,2Pi},{v,-3,3}];
Show[g1,g2]
```

输出:如图 1.28 所示.

例 5　作出单叶双曲面 $x^2+y^2-z^2=1$ 和双叶双曲面 $x^2+y^2-z^2=-1$ 的图形.

输入:
```
ParametricPlot3D[{Cos[t] Sec[v],Sin[t] Sec[v],Tan[v]},
  {v,-3,3},{t,0,2Pi}, BoxRatios->{1,1,1}]
ParametricPlot3D[{Cos[t] Tan[v],Sin[t] Tan[v],Sec[v]},
```

```
{v,-3,3},{t,0,2Pi}, BoxRatios->{1,1,1}]
```

输出:分别如图 1.29 和图 1.30 所示.

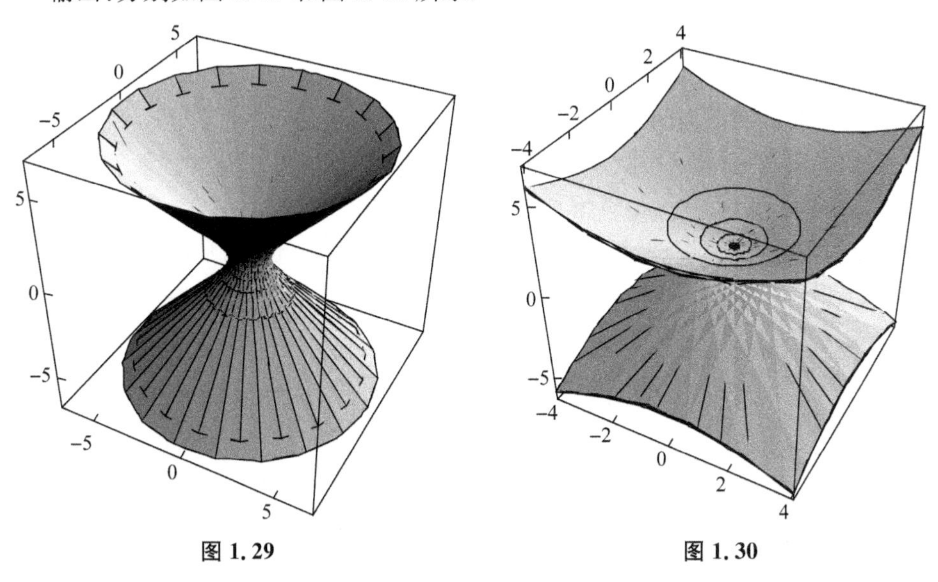

图 1.29　　图 1.30

例 6　作出马鞍面$\frac{x^2}{9}-\frac{y^2}{16}=z$的图形.

输入:
```
ParametricPlot3D[{x,y,x^2/9-y^2/16},{x,-3,3},{y,-4,4},
    BoxRatios->{1,1,1}]
```

输出:如图 1.31 所示.

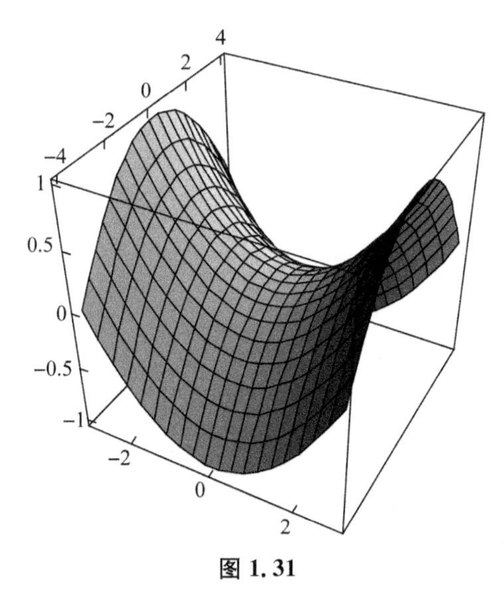

图 1.31

如果我们输入的是

```
ListAnimate[Table[ParametricPlot3D[{x,y,x^2/9-y^2/16},
  {x,-3,3},{y,-4,4},PlotRange->{{-3,3},{-4,4},{-1,z1}},
  BoxRatios->{1,1,1}],{z1,-1,1,0.1}]]
```

则输出为马鞍面的截面演示动画.

我们也可用 Animate 命令作出马鞍面,即输入:

```
Animate[ParametricPlot3D[{x,y,x^2/9-y^2/16},{x,-3,3},{y,-4,4},
  PlotRange->{{-3,3},{-4,4},{-1,z1}}],{z1,-1,1,0.1}]
```

例 7 作出螺旋线$\begin{cases}x=\cos t,\\ y=\sin t,\\ z=\dfrac{t}{3}\end{cases}$在 $t\in[0,15]$的一段.

输入:`ParametricPlot3D[{Cos[t],Sin[t],t/3},{t,0,15}]`

输出:如图 1.32 所示.

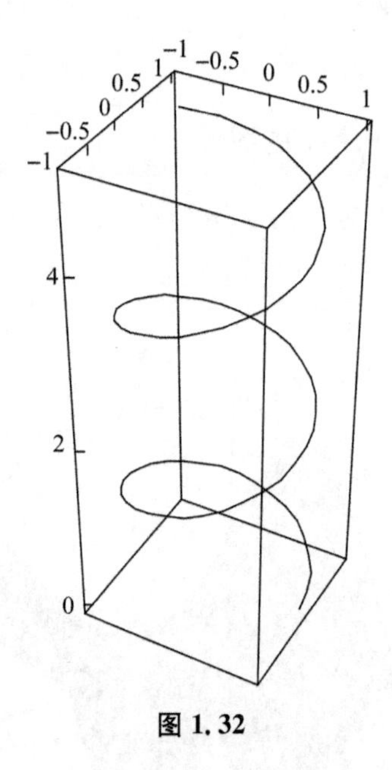

图 1.32

三、练习

1. 用 Plot3D 命令作出马鞍面 $z=xy(-3\leqslant x\leqslant 3,-3\leqslant y\leqslant 3)$的图形,并采用选项 PlotPoints->40,ViewPoint->{2.2,−4.1,0.2}.

2. 作出下列函数的三维图形:

(1) 椭圆抛物面 $z=\frac{x^2}{2}+\frac{y^2}{3}$；

(2) 双曲抛物面 $z=\frac{x^2}{4}-\frac{y^2}{5}$；

(3) 锥面 $z=\sqrt{2x^2+3y^2}$.

3. 作出下列参数方程的图形(写出命令)：

(1) 椭球面 $\begin{cases}x=4\sin\theta\cos\varphi,\\ y=5\sin\theta\sin\varphi,\\ z=6\cos\theta,\end{cases}$ 其中 $0\leqslant\theta\leqslant\pi, 0\leqslant\varphi\leqslant2\pi$；

(2) 环面 $\begin{cases}x=(8+2\cos u)\cos v,\\ y=(8+2\cos u)\sin v,\\ z=2\sin u,\end{cases}$,其中 $u\in(0,2\pi), v\in(0,2\pi)$.

4. 已知二元函数 $z=\frac{xy}{x^2+y^2}$ 在点(0,0)处不连续，试用 Plot3D 命令作出该函数在区域 $-1\leqslant x\leqslant1, -1\leqslant y\leqslant1$ 上的图形(采用选项 PlotPoints->50)，并观察曲面在(0,0)附近的变化情况.

5. 用命令 ParametricPlot3D 作出圆柱面 $x^2+y^2=1$ 和圆柱面 $x^2+z^2=1$ 相交的图形.

实验五　级数

一、实验目的

观察无穷级数部分和的变化趋势，进一步理解级数的审敛法以及幂级数部分和对函数的逼近，掌握用 Mathematica 求无穷级数的和、展开函数为幂级数以及展开周期函数为傅里叶级数的方法.

二、实验内容

1. 基本命令

Series[expr,{x,x0,n}]：将 expr 在 x=x0 点展开到 n 阶的幂级数. 用 Series 展开后，展开项中含有截断误差 $o[x]^n$.

Normal[expr]：将特殊表达式 expr(如带余项的表达式) 转变成一个正常的表达式(如不带余项的表达式)

2. 正项级数的收敛性

例 1 求调和级数 $\sum_{i=1}^{\infty}\frac{1}{i}$ 的部分和 s_n（$n=10,n=100,n=1000,n=10000$），并和 $\ln n$ 的值进行比较.

（1）输入：

```
N[Sum[1/n,{n,1,10}]]
N[Sum[1/n,{n,1,100}]]
N[Sum[1/n,{n,1,1000}]]
N[Sum[1/n,{n,1,10000}]]
```

输出：

```
2.92897
5.18738
7.48547
9.78761
```

（2）输入：

```
N[Sum[1/n,{n,1,10}]]-Log[10]
N[Sum[1/n,{n,1,100}]]-Log[100]
N[Sum[1/n,{n,1,1000}]]-Log[1000]
N[Sum[1/n,{n,1,10000}]]-Log[10000]
```

输出：

```
0.626383
0.582207
0.577716
0.577266
```

虽然 $\left\{\frac{1}{i}\right\}$ 是一个趋于 0 的数列，但调和级数 $\sum_{i=1}^{\infty}\frac{1}{i}$ 是一个发散的级数，且它的发散速度很慢，当 n 越来越大时，它与 $\ln n$ 的差值趋近于一个常数 $c=0.577215\cdots$，称为欧拉常数.

例 2 求级数 $\sum_{i=1}^{\infty}\frac{1}{i^2}$ 的部分和 s_n（$n=10,n=100,n=1000,n=10000$），并和 $\frac{\pi^2}{6}$ 的值进行比较.

（1）输入：

```
N[Sum[1/n^2,{n,1,10}]]
N[Sum[1/n^2,{n,1,100}]]
```

```
N[Sum[1/n^2,{n,1,1000}]]
N[Sum[1/n^2,{n,1,10000}]]
```

输出:

```
1.54977
1.63498
1.64393
1.64483
```

(2) 输入:

```
N[Pi^2/6,20]
N[Sum[1/n^2,{n,1,Infinity}],20]
Sum[1/n^2,{n,1,Infinity}]
```

输出:

```
1.6449340668482264365
1.6449340668482264365
```

$\frac{\pi^2}{6}$

通过观察和级数理论,我们知道级数 $\sum_{i=1}^{\infty}\frac{1}{i^2}$ 是收敛的,且收敛到 $\frac{\pi^2}{6}$.

3. 幂级数的展开

例 3　把 $\sin x$ 在 0 点展开成幂级数,并画图表示.

(1) 输入:

```
f1= Series[Sin[x],{x,0,5}]
f2= Normal[f1]
```

输出:

$x-\frac{x^3}{6}+\frac{x^5}{120}+o[x]^6$

$x-\frac{x^3}{6}+\frac{x^5}{120}$

(2) 输入:

```
Plot[{Sin[x],f2},{x,-10,10},
  PlotStyle->{RGBColor[1,0,0],RGBColor[0,1,0]}]
```

输出:如图 1.33 所示.

(3) 输入:

```
f3= Series[Sin[x],{x,0,9}];
f4= Normal[f3];
```

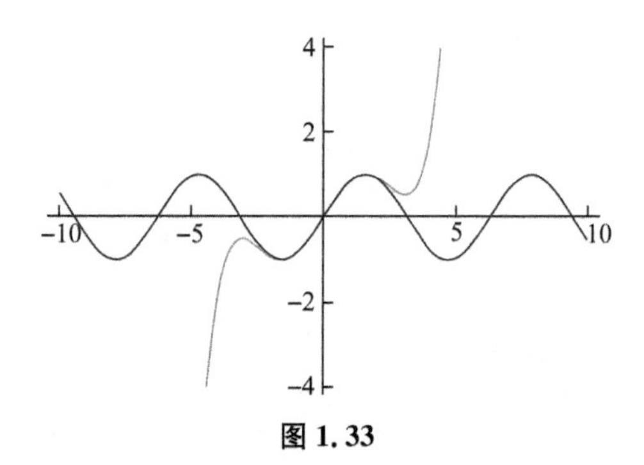

图 1.33

```
Plot[{Sin[x],f2,f4},{x,-10,10},PlotStyle->
  {RGBColor[1,0,0],RGBColor[0,1,0],RGBColor[0,0,1]}]
```

输出:如图 1.34 所示.

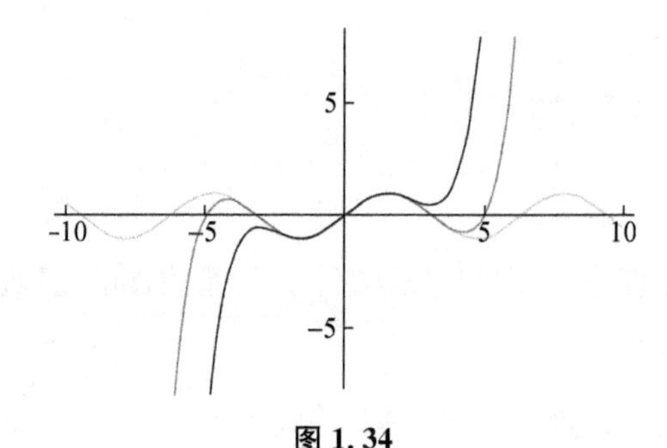

图 1.34

(4) 输入:

```
Animate[Plot[Evaluate[Normal[Series[Sin[x],{x,0,m}]]],
  {x,-30,30},PlotRange->{-3,3}],{m,2,60,2}]
```

输出:为动画,这里省略.

4. 傅里叶级数

例 4 设 $f(x)$是以 2π 为周期的周期函数,它在$[-\pi,\pi)$上的表达式为

$$f(x)=\begin{cases}-1, & -\pi\leqslant x<0,\\ 1, & 0\leqslant x<\pi,\end{cases}$$

将 $f(x)$展开成傅里叶级数,求出 $\sum\limits_{k=1}^{\infty}\frac{1}{2k-1}\sin(2k-1)x$ 的和函数并作图.

(1) 输入:

```
bn =1/Pi Integrate[(-1) Sin[n x],{x,-Pi,0}]+
   1/Pi Integrate[Sin[n x],{x,0,Pi}];
Simplify[%]
```

输出：$\frac{\text{2-2Cos[n}\pi\text{]}}{\text{n}\pi}$

因为 $f(x)$是奇函数，则 $a_n=0$，又

$$b_n=\frac{2(1-\cos n\pi)}{n\pi}=\begin{cases}\frac{4}{n\pi}, & n=1,3,5,\cdots,\\ 0, & n=2,4,6,\cdots,\end{cases}$$

所以

$$f(x)=\frac{4}{\pi}\sum_{k=1}^{\infty}\frac{1}{2k-1}\sin(2k-1)x,\quad x\neq k\pi,k\in\mathbf{Z},$$

从而 $\sum\limits_{k=1}^{\infty}\frac{1}{2k-1}\sin(2k-1)x$ 是以 2π 为周期的周期函数，在$[-\pi,\pi)$上的表达式为

$$s(x)=\begin{cases}-\frac{\pi}{4}, & -\pi<x<0,\\ \frac{\pi}{4}, & 0<x<\pi,\\ 0, & x=-\pi,0.\end{cases}$$

(2) 输入：

```
m=5
s=Sum[Sin[(2n-1)x]/(2n-1),{n,1,m}]
Plot[s,{x,-10,10}]
```

输出：$\text{Sin[x]}+\frac{1}{3}\text{Sin[3x]}+\frac{1}{5}\text{Sin[5x]}+\frac{1}{7}\text{Sin[7x]}+\frac{1}{9}\text{Sin[9x]}$

输出图形如图 1.35 所示.

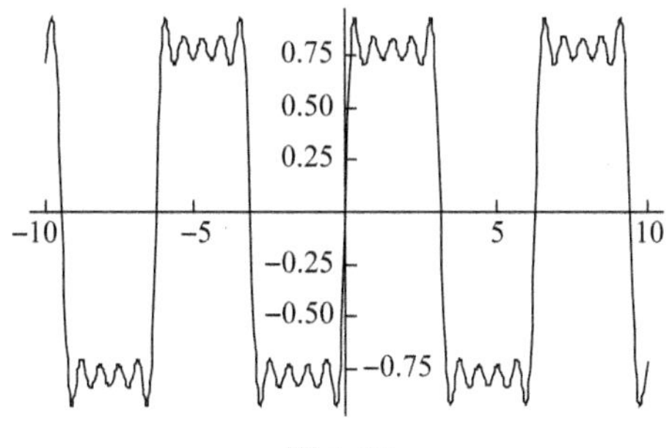

图 1.35

(3) 输入：

```
m=500
s=Sum[Sin[(2n-1)x]/(2n-1),{n,1,m}];
```

```
Plot[s,{x,-10,10}]
```

输出:如图 1.36 所示.

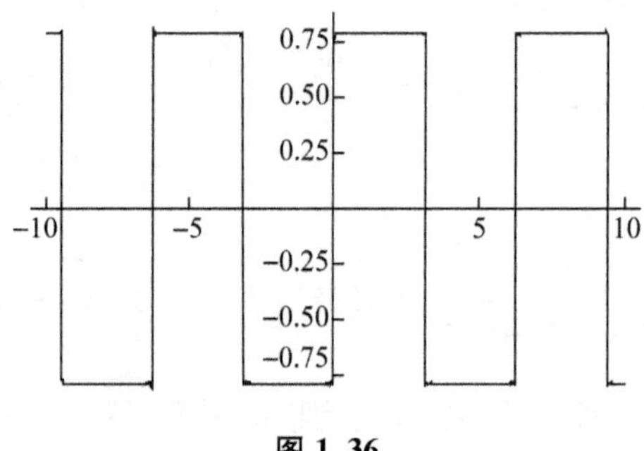

图 1.36

三、练习

1. 求下列级数的和:

(1) $\sum\limits_{k=1}^{\infty}(-1)^k\frac{1}{k}$;　　(2) $\sum\limits_{k=1}^{\infty}\frac{1}{k!}$;　　(3) $\sum\limits_{k=1}^{\infty}\frac{1}{(2k)^2}$.

2. 求出 $\cos x$ 的一阶、三阶、五阶、七阶麦克劳林多项式,并在同一幅图中用不同颜色作出它们在$[-\pi,\pi]$上的图形. 由图形你能得出什么结论?

3. 求$(a+x)^{\frac{1}{3}}$的三阶麦克劳林展开式.

4. 求 $e^{2x}\ln(1+x)$的三阶麦克劳林展开式.

5. 设 $f(x)$在一个周期内的表达式为

$$f(x)=\begin{cases}1, & 0<x<\pi,\\ 1-x, & -\pi\leqslant x\leqslant 0,\end{cases}$$

将它展开为傅里叶级数(取 8 项),并作图.

实验六　微分方程的求解

一、实验目的

理解常微分方程解、积分曲线和方向场的概念,掌握利用 Mathematica 求微分方程及方程组解的常用命令和方法.

二、实验内容

1. 基本命令

DSolve[eqns,y[x],x]:解 y(x)的微分方程或方程组 eqns,其中 x 为变量.方程 eqns 中的等号为双等号"==",一阶导数符号 ′是通过键盘上的单引号输入的,二阶导数符号 ″要输入两个单引号,而不能输入一个双引号.

NDSolve[eqns,y[x],x,{xmin,xmax}]:在区间[xmin,xmax]上求解微分方程或方程组 eqns 的数值解.

VectorPlot[{fx,fy},{x,xmin,xmax},{y,ymin,ymax}]:作出给定向量值函数{fx,fy}所在区域的平面上的向量场.

2. 求解微分方程

例 1　求微分方程$\frac{dy}{dx}=2xy$的通解.

输入:

```
Clear[x,y]
DSolve[y'[x]==2x y[x],y[x],x]
```

输出:$\{\{y[x]\to e^{x^2} C[1]\}\}$

注:C[1]表示第一个任意常数,上面输出表明该方程的解为 $y=ce^{x^2}$.

例 2　求微分方程 $y''-3y'+2y=xe^{-x}$的通解,并求满足条件 $y(0)=1,y'(0)=1$ 的特解.

(1) 输入:

```
Clear[x,y]
DSolve[y''[x]-3y'[x]+2y[x]==x E^(-x),y[x],x]
Simplify[%]
```

输出:$\left\{\left\{y[x]\to \frac{1}{36}e^{-x}(5+6x+36e^{2x}C[1]+36e^{3x}C[2])\right\}\right\}$

该输出表明方程的解为 $y=e^{-x}\left(\frac{5}{36}+\frac{1}{6}x\right)+c_1e^{x}+c_2e^{2x}$.

(2) 输入:

```
DSolve[{y''[x]-3y'[x]+2y[x]==x E^(-x),
        y[0]=1,y'[0]=1},y[x],x]
```

输出:$\left\{\left\{y[x]\to \frac{1}{36}e^{-x}(5+27e^{2x}+4e^{3x}+6x)\right\}\right\}$

该输出表明满足条件 $y(0)=1,y'(0)=1$ 的特解为

$$y^*=e^{-x}\left(\frac{5}{36}+\frac{1}{6}x\right)+\frac{3}{4}e^{x}+\frac{1}{9}e^{2x}.$$

例 3　求解微分方程组$\begin{cases}\dfrac{dx}{dt}=y,\\ \dfrac{dy}{dt}=-x+2y\end{cases}$的通解.

输入:
```
DSolve[{x'[t]==y[t],y'[t]==-x[t]+2y[t]},{x[t],y[t]},t]
```
输出:
```
{{x[t]→-e^t (-C[1]+tC[1]-tC[2]),
  y[t]→-e^t (tC[1]-C[2]-tC[2])}}.
```

例 4　求解微分方程 $y'(x)=x^2+y^2$, $y(0)=0.5$ 的数值解,并画出解曲线.

输入:
```
Clear[x,y]
sol=NDSolve[{y'[x]==x^2+y[x]^2,y[0]=0.5},y[x],{x,0,1}]
y[x_]=y[x]/.sol
g2 =Plot[y[x],{x,0,1},PlotStyle->RGBColor[1,0,0],
  PlotRange->{0,2}]
```
输出:
```
{{y[x]→InterpolatingFunction[{{0.,1.}},<>][x]}}
```
输出图形如图 1.37 所示.

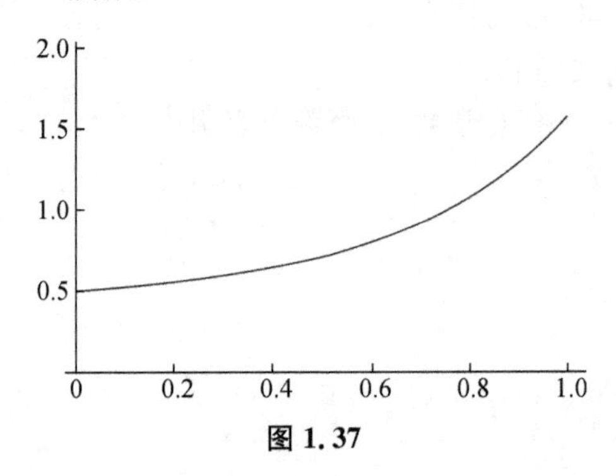

图 1.37

注:方程 $y'(x)=x^2+y^2$ 没有解析解,只能求出它的数值解.可用 NDSolve 命令求出它的数值解,在 Mathematica 中用 InterpolatingFunction(插值函数)来表示该数值解.语句"y[x_]=y[x]/. sol"是用数值解的结果来定义一个函数 $y(x)$,再用 Plot 作出该函数图形.

例 5　求 Logistic 方程$\dfrac{dy}{dx}=ry\left(1-\dfrac{y}{M}\right)$的通解;当 $r=0.7$, $M=3$ 时,利用图形来观察它的通解,并作出在初始条件 $y(0)=0.5$ 下的特解的图形.

(1) 输入:
```
Clear[x,y,r,M]
DSolve[y'[x]==r y[x] (1-y[x]/M),y[x],x]
```

输出：$\left\{\left\{y[x]\to\frac{e^{rx+MC[1]}M}{-1+e^{rx+MC[1]}}\right\}\right\}$

该输出表明 Logistic 方程的通解为 $y=\frac{M}{1-ce^{-rx}}$，当 $x\to+\infty$时，$y\to M$. 我们经常会用 Logistic 方程来描述自然界中某些生物种群数量的变化情况，而建立的模型就称为 Logistic 模型.

(2) 输入：

```
Clear[x,y]
r=0.7;M=3;
g1=VectorPlot[{1,r y (1-y/M)},{x,0,7},{y,0,3},
  VectorPoints->50,AspectRatio->0.5]
sol=NDSolve[{y'[x]==r y[x] (1-y[x]/M),y[0]=0.5},
  y[x],{x,0,7}];
y[x_]=y[x]/.sol
g2=Plot[y[x],{x,0,7},PlotStyle->RGBColor[1,0,0],
  DisplayFunction->Identity]
Show[g1,g2]
```

输出：如图 1.38 所示.

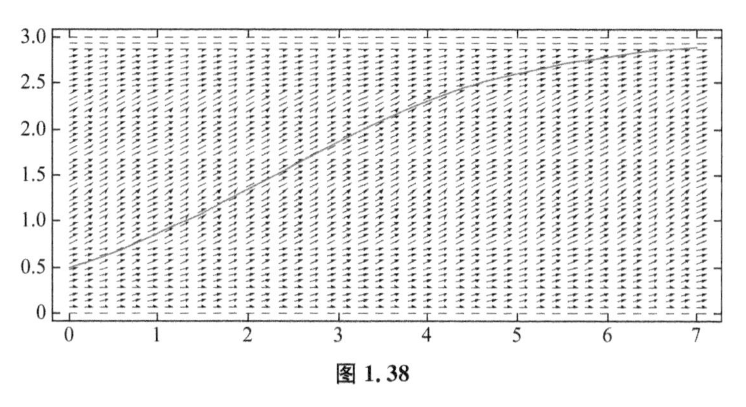

图 1.38

注：这里先要引入方向场的概念. 通常可将一阶微分方程写成$y'(x)=f(x,y)$的形式，则函数 $y(x)$在任意一点(x,y)的导数值为 $f(x,y)$. 在$f(x,y)$的定义区域 D 内任一点处画一小段斜率为 $f(x,y)$的小箭头，我们把带有小箭头的区域 D 称为由方程 $y'(x)=f(x,y)$确定的方向场，也称斜率场(可以用命令 VectorPlot 画出方向场). 我们发现，如果将方向场中的小箭头首尾相连，就得到了微分方程的解函数族，即积分曲线族. 积分曲线上点(x,y)的切线的斜率等于$f(x,y)$，从而积分曲线上每一点的切线方向都与方向场在该点的方向一致. 上图就是 Logistic 方程的方

向场,其中的一条曲线就是满足初始条件 $y(0)=0.5$ 下的特解曲线.

例 6 试求洛伦兹(Lorenz)方程组

$$\begin{cases} x'(t)=10y(t)-10x(t), \\ y'(t)=-x(t)z(t)+40x(t)-y(t), \\ z'(t)=x(t)y(t)-3z(t) \end{cases}$$

在 $x(0)=12, y(0)=3, z(0)=1$ 时的特解,并作出解曲线的图形.

(1) 输入:

```
Clear[eqs,x,y,z]
eqs={x'[t]==10*y[t]-10*x[t],y'[t]==-x[t]*z[t]-y[t]+40*x[t],
  z'[t]==x[t]*y[t]-3*z[t]};
sol=NDSolve[{eqs, x[0]=12,y[0]=3,z[0]=1},{x[t],y[t],z[t]},
  {t,0,20},MaxSteps->10000];
g=ParametricPlot3D[Evaluate[{x[t],y[t],z[t]}/.sol],{t,0,20},
  PlotPoints->8000, Boxed->False, Axes->None]
```

输出:如图 1.39(a)所示.

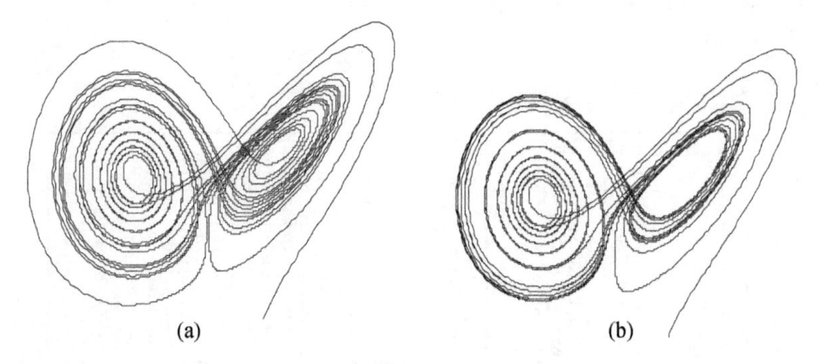

图 1.39

(2) 输入:

```
sol=NDSolve[{eqs,x[0]=12,y[0]=3,z[0]=1.000001},
  {x[t],y[t],z[t]},{t,0,20},MaxSteps->10000];
g=ParametricPlot3D[Evaluate[{x[t],y[t],z[t]}/.sol],{t,0,20},
  PlotPoints->8000,Boxed->False,Axes->None]
```

输出:如图 1.39(b)所示.

注:上面(2)只是把 z 的初值由 1 改变为 1.000001,得到的图形(图 1.39(b))和前面图形(图 1.39(a))有很大差异,即系统表现出对初值的敏感性,出现了混沌现象.从图中可以看出洛伦兹微分方程组具有一个奇异吸引子,这个吸引子紧紧地

把解的图形“吸”在一起. 有趣的是，无论把解的曲线画得多长，这条曲线也不相交.

三、练习

1. 求下列微分方程的通解：

(1) $y''+y'+3y=0$；

(2) $y''-2y'-15y=e^x\sin x$.

2. 求下列微分方程的特解：

(1) $y''+6y'+8y=0, y(0)=0, y'(0)=2$；

(2) $y''+y+\sin x=0, y(0)=1, y'(0)=1$.

3. 求欧拉方程 $x^2y''-xy'+y=0$ 的通解.

4. 求微分方程组 $\begin{cases}\dfrac{dx}{dt}=y,\\ \dfrac{dy}{dt}=3y-2x\end{cases}$ 在 $x(0)=2, y(0)=3$ 时的特解.

5. 已知一个生物系统中有食饵和捕食者两种种群，设食饵数量为 $x(t)$，捕食者数量为 $y(t)$，且它们满足方程组 $\begin{cases}x'(t)=(r-ay)x,\\ y'(t)=-(d-bx)y,\end{cases}$ 称该系统模型为食饵-捕食者模型(也称为 Lotka-Volterra 模型). 当 $r=1, d=0.5, a=0.1, b=0.02$ 时，求满足初始条件 $x(0)=25, y(0)=2$ 的方程数值解.

实验七　密码研究

一、实验目的

了解密码学的基本知识，掌握对称和非对称密码算法，并会利用初等数论知识对信息进行加解密.

二、实验内容

1. 什么是信息的加解密

密码技术就是通过一些数学方法，对信息进行变换运算或者是编码运算，将机密的消息转换成一些乱码型的文字，使得除指定的接收人以外，其他人不能从所截获的这些乱码里得到任何所希望得到的信息，而且也不能对任何的乱码信息进行任意伪造.专门负责研究密码技术的这门学科称之为密码学,它包含两个分支,一个是密码编码学,另一个是密码分析学.密码编码学主要是对信息编码,同时保证信息的保密性;密码分析学意在研究和分析运用哪些方法能够破译密码.二者相辅相成,既相互对立,又相互促进.

一个密码系统(简称密码体制)通常是由明文(M)、密文(C)、加密密钥(Ke)、解密密钥(Kd)、加密算法(Enc)、解密算法(Dec)这几个部分组成.对数据进行加密和解密的具体过程如下:发送方用加密密钥,通过某种加密算法,对明文信息加密以后发送出去;接收方在收到密文后,用解密密钥对密文进行解密,恢复成为明文.如果信息传输过程中被人中途窃取,那么他只能得到一些无法理解的乱码信息,从而对信息起到了一定的保密作用.

如果密码系统的加密密钥和解密密钥一样,那么该密码系统称为对称密码系统;如果加密密钥和解密密钥不一样,则称为非对称密码系统.非对称密码系统又称为公钥密码系统,加密密钥称为公钥,解密密钥称为私钥,用户的公钥公开,私钥保密.

加解密过程可以用映射关系表示如下:

加密:$c=Enc(m,Ke)$;

解密:$m=Dec(c,Kd)$.

其中,$m\in M,c\in C,(Ke,Kd)\in K$;$M,C$ 和 K 分别为明文空间、密文空间和密钥空间.

在密码系统中,凯撒密码(Caesar Cipher)是最古典的密码,并且是对称密码,据传由古罗马时期凯撒大帝所发明,其基本思想是将每个字母由往后位移三格的新字母所取代.这种通过字母移位替换的密码称为移位密码.

把26个字母集合{A,B,C,…,Y,Z}分别用数值集合{1,2,3,…,25,0}来替代(见表1),那么移位密码的加解密可以表示如下:

表1.1　26个字母与数值对应关系

字母	A	B	C	D	E	F	G	H	I	J	K	L	M
数值	1	2	3	4	5	6	7	8	9	10	11	12	13
字母	N	O	P	Q	R	S	T	U	V	W	X	Y	Z
数值	14	15	16	17	18	19	20	21	22	23	24	25	0

加密:$c=(m+k)(\mathrm{mod}\ 26)$;

解密:$m=(c-k)(\mathrm{mod}\ 26)$.

其中,k 为加密、解密密钥(当 $k=3$ 时即为凯撒密码).

模(mod)运算定义如下：设 a,b 为两个整数，若 $a-b=km, k\in \mathbf{Z}$，则称 a 模 m 等价于 b，记为 $a=b(\mathrm{mod}\ m)$. $Z_m=\{0,1,2,\cdots,m-1\}$ 称为模 m 的剩余集．设 $a\in Z_m$，若存在 $b\in Z_m$，使得 $ab=1(\mathrm{mod}\ m)$，称 b 为 a 的模 m 的逆元(也称为倒数)，记为 $b=a^{-1}(\mathrm{mod}\ m)$. 例如，$3=9^{-1}(\mathrm{mod}\ 26)$.

HILL_2 密码也是一种对称密码系统. 和凯撒密码的表示一样，它把字母集合转化成数字集合 Z_{26}，每两个明文字母为一组，将

$$\text{明文记为 } \boldsymbol{\alpha}=\begin{bmatrix} m_1 \\ m_2 \end{bmatrix} \quad \text{密文记为 } \boldsymbol{\beta}=\begin{bmatrix} c_1 \\ c_2 \end{bmatrix},$$

$$\text{加密矩阵 } \mathbf{A}=\begin{bmatrix} a_{11} & a_{12} \\ a_{21} & a_{22} \end{bmatrix}, \quad \text{解密矩阵为 } \mathbf{A}^{-1}=\begin{bmatrix} b_{11} & b_{12} \\ b_{21} & b_{22} \end{bmatrix},$$

且加解密矩阵满足

$\mathbf{A}\mathbf{A}^{-1}=\boldsymbol{I}(\mathrm{mod}\ 26)$ （$\boldsymbol{I}$ 为单位矩阵，$\mathbf{A}^{-1}$ 称为 $\mathbf{A}$ 的模 26 逆矩阵）

HILL_2 密码的加解密过程如下：

加密：$\boldsymbol{\beta}=\mathbf{A}\boldsymbol{\alpha}(\mathrm{mod}\ 26)$；

解密：$\boldsymbol{\alpha}=\mathbf{A}^{-1}\boldsymbol{\beta}(\mathrm{mod}\ 26)$.

公钥密码(非对称密码)的思想是由 Diffie 和 Hellmann 于 1976 年提出的，但他们没有给出具体的实现方案；到了 1977 年，McEliece 基于任意线性码解码的困难性实现了一个公钥密码体制；也是在 1977 年，Rivest，Shamir 和 Adleman 三人基于大整数分解的困难性实现了最著名的公钥密码体制——RSA 算法. 如今公钥密码学成为了整个密码学界的热点，也吸引了许多优秀数学家加入密码学的研究中来，密码学也由官方走进了民间.

RSA 算法可描述如下：

系统初始化：选取两个大素数 p,q，算得 $n=pq$；再随机选取加密公钥 e，使 e 与 $\varphi(n)=(p-1)(q-1)$ 互素；用欧几里得扩展算法计算私钥 d，满足 $ed=1(\mathrm{mod}\ \varphi(n))$. 其中，$e,n$ 作为公开密钥，d 作为私钥为个人保留. 需要注意的是，$p,q,\varphi(n),d$ 不能泄露.

加密：$c=m^e(\mathrm{mod}\ n)$；

解密：$m=c^d(\mathrm{mod}\ n)$.

2. 基本命令

Mod[a,m]：求 a 的 mod m 值.

GCD[m,n]：求 m 和 n 的最大公约数.

PowerMod[a,b,m]：求 $a^b(\mathrm{mod}\ m)$的值.

Inverse[A]：求矩阵 A 的逆矩阵.

3. 对称加密

例 1 把 STUDENT 通过凯撒密码进行加密.

先查阅表 1.1,STUDENT 对应数值向量为{19,20,21,4,5,14,20}.

输入:

```
k=3;
m={19,20,21,4,5,14,20};
c=Mod[m+k,26]
```

输出:{22,23,24,7,8,17,23}

再查阅表 1.1,知道密文为 VWXGHQW.

例 2 求矩阵 $\boldsymbol{A}=\begin{bmatrix}1 & 2\\0 & 3\end{bmatrix}$的模 26 逆矩阵.

输入:

```
A={{1,2},{0,3}};
d=Det[A];
e=PowerMod[d,-1,26];
B=Inverse[A]*d*e;
B=Mod[B,26]
```

输出:{{1,8},{0,9}}

即矩阵 $\boldsymbol{A}$ 的模 26 逆矩阵为$\begin{bmatrix}1 & 8\\0 & 9\end{bmatrix}$.

例 3 用 HILL_2 密码对明文"Our marshal was shot"进行加密,加密矩阵为

$$\boldsymbol{A}=\begin{bmatrix}1 & 2\\0 & 3\end{bmatrix};$$

得到密文后再进行解密,并验证解密的正确性.

(1) 加密过程

首先对明文进行 2 个字母一组的分组:ou rm ar sh al wa ss ho tt(最后一组只有一个字母 t,要补一个重复字母 t,称为哑字母,构成一组).

再查阅表 1.1,得明文向量组为

$$\begin{bmatrix}15\\21\end{bmatrix}\begin{bmatrix}18\\13\end{bmatrix}\begin{bmatrix}1\\18\end{bmatrix}\begin{bmatrix}19\\8\end{bmatrix}\begin{bmatrix}1\\12\end{bmatrix}\begin{bmatrix}23\\1\end{bmatrix}\begin{bmatrix}19\\19\end{bmatrix}\begin{bmatrix}8\\15\end{bmatrix}\begin{bmatrix}20\\20\end{bmatrix}$$

输入:

```
A={{1,2},{0,3}};
m={{15,18,1,19,1,23,19,8,20},{21,13,18,8,12,1,19,15,20}};
c=Mod[A.m,26];
```

```
MatrixForm[c]
```

输出：{{5,18,11,9,25,25,5,12,8},{11,13,2,24,10,3,5,19,8}}

即得到密文向量组为

$$\begin{bmatrix}5\\11\end{bmatrix}\begin{bmatrix}18\\13\end{bmatrix}\begin{bmatrix}11\\2\end{bmatrix}\begin{bmatrix}9\\24\end{bmatrix}\begin{bmatrix}25\\10\end{bmatrix}\begin{bmatrix}25\\3\end{bmatrix}\begin{bmatrix}5\\5\end{bmatrix}\begin{bmatrix}12\\19\end{bmatrix}\begin{bmatrix}8\\8\end{bmatrix}$$

通过查阅表 1.1，得密文为

ek rm kb ix yj yc ee ls hh

(2) 解密过程

通过查阅表 1.1，根据密文 ek rm kb ix yj yc ee ls hh 得到密文向量组为

$$\begin{bmatrix}5\\11\end{bmatrix}\begin{bmatrix}18\\13\end{bmatrix}\begin{bmatrix}11\\2\end{bmatrix}\begin{bmatrix}9\\24\end{bmatrix}\begin{bmatrix}25\\10\end{bmatrix}\begin{bmatrix}25\\3\end{bmatrix}\begin{bmatrix}5\\5\end{bmatrix}\begin{bmatrix}12\\19\end{bmatrix}\begin{bmatrix}8\\8\end{bmatrix}$$

输入：

```
c={{5,18,11,9,25,25,5,12,8},{11,13,2,24,10,3,5,19,8}};
A={{1,2},{0,3}};
d=Det[A];
e=PowerMod[d, -1, 26];
B=Inverse[A]*d*e;
B=Mod[B,26];
m=Mod[B.c,26];
MatrixForm[m]
```

输出：{{15,18,1,19,1,23,19,8,20},{21,13,18,8,12,1,19,15,20}}

从而可得明文向量组为

$$\begin{bmatrix}15\\21\end{bmatrix}\begin{bmatrix}18\\13\end{bmatrix}\begin{bmatrix}1\\18\end{bmatrix}\begin{bmatrix}19\\8\end{bmatrix}\begin{bmatrix}1\\12\end{bmatrix}\begin{bmatrix}23\\1\end{bmatrix}\begin{bmatrix}19\\19\end{bmatrix}\begin{bmatrix}8\\15\end{bmatrix}\begin{bmatrix}20\\20\end{bmatrix}$$

通过查阅表 1.1，得到对应明文 ou rm ar sh al wa ss ho tt，再除去最后一个哑字母，得到真正的明文“Our marshal was shot”，正确解密.

4. 公钥加密

例 4　设公钥密码 RSA 系统里的两个素数 $p=331$，$q=421$，加密公钥为(e,n)，其中 $e=41$，$n=pq$. 请设计私钥 d，对明文数值 $m=35368$ 进行加密，并验证密文解密的正确性.

输入：

```
p=331;
q=421;
n=p*q;
```

```
fn=(p-1)*(q-1);
e=41;
d=PowerMod[e,-1,fn];
m=35368;
c=Mod[m^e,n]
m=Mod[c^d,n]
```

输出：

```
81849
35368
```

根据输出密文和明文，可以验证加解密过程完全正确.

三、练习

1. 取 $k=9$，用移位密码对信息"I am a student"进行加密，并验证所得密文解密的正确性.

2. 已知移位密码($y=(x+n)(\text{mod } 26)$，x 为明文字母，y 为密文字母，n 为密钥)和仿射密码($y=(ax+b)(\text{mod } 26)$，x 为明文字母，y 为密文字母，(a,b) 为密钥). 若加密算法是上述算法，试解密如下密文：

fsivy umvy, dmxkwlcx cr lfk ksxcjkiv irxmwi dmzmemcv cr lfk dkjixlokvl cr mvlkxvilmcvih wccjkxilmcv cr lfk omvmelxu cr mvdselxu ivd mvrcxoilmcv lkw-fvchcyu, eimd lfil lfk omvmelxu cr mvdselxu ivd mvrcxoilmcv lkwfvchcyu gmhh rsxlfkx ysmdk lfk pkhixsemiv xkekixwf wkvlkx cr vivtmvy svmzkxemlu cr ewmkvwk ivd lkwfvchcyu lc mojhkokvl lfk ewmkvwk ivd lkwfvchcyu wccjkxilm-cv jhiv lc jxcoclk lfk dkzkhcjokvl cr lfk mvdselxmih ivd lxidk mvdselxmke mv lfk lgc wcsvlxmke. fk elilke lfil lfk omvmelxu gmhh fkhj cxyivmbk knjkxle lc wcvd-swl wchhipcxilmzk xkekixwf cv lfk jchmlmwih, kwcvcomw ivd wshlsxih rmkhde mv Bkhixse, ivd gcxa lcyklfkx lc psmhd i fmyf-kvd jchmwu lfmva liva.

3. 求矩阵 $\boldsymbol{A}=\begin{bmatrix}1 & 3\\0 & 3\end{bmatrix}$的模 26 逆矩阵.

4. 已知甲方截获了下面一段密文：

OJWPISWAZUXAU UISEABAUCRSIPLBHAAMMLPJJOTENH

经分析这段密文是用 HILL_2 密码编译的，且这段密文中连续四个字母 U,C,R,S 依次代表了字母 T,A,C,O. 若明文字母的表值如表 1.1 所示，试破译这段密文.

5. 已知公钥密码 RSA 系统的加密公钥为(e,n)，其中 $e=13$，$n=139351$，如

果私钥 $d=117277$，试对明文数值 $m=35368$ 进行加密，并验证密文解密的正确性.

实验八　迭代与分形

一、实验目的

掌握迭代的基本方法，并通过迭代的思想熟悉分形的基本特性以及生成分形图形的基本方法，对分形几何这门学科有一个直观的了解.

二、实验内容

1. 基本概念

迭代是重复反馈过程的活动，其目的通常是为了逼近所需目标或结果. 每一次对过程的重复称为一次“迭代”，而每一次迭代得到的结果会作为下一次迭代的初始值.

在数学中，迭代函数是分形和动力系统中深入研究的对象. 迭代函数是重复并且与自身复合的函数，而“重复并且与自身复合”这个过程就叫做迭代.

如初始值为 x_0，$f(x)$为迭代函数，迭代过程如下：

$$x_1=f(x_0),\quad x_2=f(x_1),\quad \cdots,\quad x_{n+1}=f(x_n),\quad \cdots.$$

迭代是数值分析中由一个初始估计出发寻找一系列近似解来解决问题，为实现这一过程所使用的方法统称为迭代法(Iterative Method). 迭代法也是解方程或者方程组的重要方法.

分形具有以非整数维形式充填空间的形态特征，其通常被定义为“一个粗糙或零碎的几何形状，可以分成数个部分，且每一部分都(至少近似)是整体缩小后的形状”，即具有自相似的性质. 分形(Fractal)一词是芒德勃罗(B. B. Mandelbrot)创造出来的，其原意是具有不规则形状、支离破碎等. 1973 年，芒德勃罗在法兰西学院讲课时首次提出了分形和分维的设想.

分形是一个数学术语，也是一套以分形特征为研究主题的数学理论. 分形理论既是非线性科学的前沿和重要分支，又是一门新兴的横断学科，是研究一类现象特征的新的数学分科，相对于其几何形态，它与微分方程与动力系统理论的联系更为显著. 分形的自相似特征可以是统计自相似，分形构成也不限于几何形式，时间过程形式也可以.

分形几何是一门以不规则几何形态为研究对象的几何学. 由于不规则现象在自然界普遍存在,因此分形几何学又被称为描述大自然的几何学. 分形几何学具有非常重要的价值,其建立以后很快就引起了各个学科领域的关注,Cantor 三分集、Koch 曲线等都是著名的分形集.

1883 年,德国数学家康托(G. Cantor)提出了如今广为人知的 Cantor 三分集. Cantor 三分集是很容易构造的,然而它却显示出许多典型的分形特征. 它是从单位区间出发,再由这个区间不断地去掉部分子区间. 其详细构造过程如下:第一步,把闭区间[0,1]平均分为三段,去掉中间的 1/3 部分段,则只剩下两个闭区间[0,1/3]和[2/3,1];第二步,再将剩下的两个闭区间各自平均分为三段,同样去掉中间的区间段,这时剩下四段闭区间:[0,1/9],[2/9,1/3],[2/3,7/9]和[8/9,1];第三步,重复删除每个小区间中间的 1/3 段. 如此不断地分割下去,最后剩下的各个小区间段就构成了 Cantor 三分集.

1904 年,瑞典数学家柯赫构造了"Koch 曲线"几何图形,它和 Cantor 三分集一样也是一个典型的分形. 根据分形的次数不同,生成的 Koch 曲线有很多种,比如三次 Koch 曲线、四次 Koch 曲线等. 下面以三次 Koch 曲线为例介绍 Koch 曲线的构造方法(其他的可依此类推):第一步,给定一个初始图形——一条线段;第二步,将这条线段中间的 1/3 处向外折起;第三步,按照第二步的方法不断地把各段线段中间的 1/3 处向外折起. 这样无限进行下去,最终即可构造出 Koch 曲线.

2. 基本命令

Sign[x]:根据 x 是负数、零还是正数返回 −1,0 或 1.

Graphics[primitives,options]:表示一个二维图形(用线、多边形、圆等构建一个图形).

Append[expr,elem]:给出追加了 elem 的 expr.

AppendTo[s,elem]:将 elem 追加到 s 的值,并在结果中重新设置 s.

3. 迭代

例 1(斐波那契数列) 已知一对子兔一个月后成为一对成年兔,而一对成年兔每个月能繁殖一对子兔. 这样下去,每个月统计一下成年兔的对数后,有如下的关系:

月 份:	1	2	3	4	5	6	7	8	…
F_n(对):	1	1	2	3	5	8	13	21	…

不难看出迭代关系:$F_1=1, F_2=1, F_n=F_{n-1}+F_{n-2}$. 这就是著名的斐波那契数列. 利用 Mathematica 编程,回答第 30 月、第 100 月时有多少对成年兔,以及相近两月的数目比值的变化,能否求出$\lim\limits_{n\to\infty}\frac{F_{n-1}}{F_n}$.

输入：

```
F1=1;F2=1;
For[n=1;Fn1=F1;Fn2=F2,n<=30,n++,Fn=Fn1;Fn1=Fn2;
  Fn2=Fn+Fn1;
  Print["n=",n,"--","Fn=",Fn,";","Fn/F(n+1)=",N[Fn/Fn1,20]]]
```

输出：

```
n=1--Fn=1;Fn/F(n+1)=1.0000000000000000000
n=2--Fn=1;Fn/F(n+1)=0.50000000000000000000
n=3--Fn=2;Fn/F(n+1)=0.66666666666666666667
…
n=28--Fn=317811;Fn/F(n+1)=0.61803398874820362134
n=29--Fn=514229;Fn/F(n+1)=0.61803398875054083938
n=30--Fn=832040;Fn/F(n+1)=0.61803398874964810153
```

将上面程序中“n<=30”改为“n<=100”，可得

```
…
n=97--Fn=83621143489848422977;Fn/F(n+1)=0.61803398874989484820
n=98--Fn=135301852344706746049;Fn/F(n+1)=0.61803398874989484820
n=99--Fn=218922995834555169026;Fn/F(n+1)=0.61803398874989484820
n=100--Fn=354224848179261915075;Fn/F(n+1)=0.61803398874989484820
```

实验得出：第30月、第100月分别有832040和354224848179261915075对成年兔，以及相近两月的数目比值趋于一个极限值. 进一步讨论可以知道，该极限值就是黄金分割的“黄金比”.

例2(Martin迭代)　已知初始值 $x_0=0, y_0=0$，迭代过程为

$$\begin{cases} x_{n+1}=y_n-\text{sign}(x_n)\sqrt{|b\cdot x_n-c|}, \\ y_{n+1}=a-x_n, \end{cases} \quad n=0,1,2,3,4,\cdots,$$

取 $a=45, b=2, c=300$，在 xOy 平面上画出前7000个点 (x_n, y_n) 的图形.

输入：

```
a=45;b=2;c=300;
xn=0;yn=0;g={{0,0}};
For[n=1,n<=7000,n++,xN=xn;yN=yn;xn=yN-Sign[xN]*N[Sqrt[Abs[b*xN
   -c]]];yn=a-xN;g=Append[g,{xn,yn}]];
ListPlot[g,PlotStyle->RGBColor[1,0,0],
  AspectRatio->Automatic]
```

输出:如图 1.40 所示.

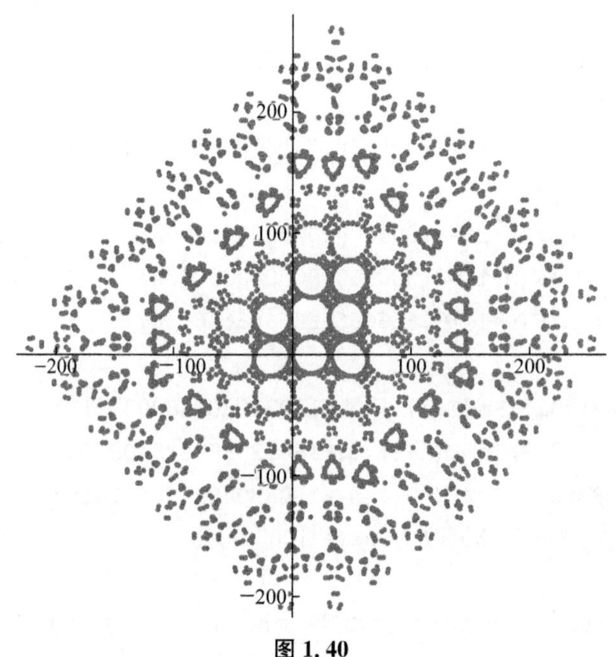

图 1.40

例 3 研究离散 Logistic 迭代映射

$$x_{n+1}=a \cdot x_n(1-x_n), \quad 其中\ a\in[0,4], x_n\in[0,1],$$

当 $a=2.6,3.3,3.45,3.551$ 时,看看迭代数列$\{x_n\}$的收敛子列情况,并作出以 a 为横坐标,对应收敛子列值为纵坐标的图形(又称"Feigenbaum 分岔图").

(1) 输入:

```
Clear[f,u,x];f[u_,x_]:=u x (1-x);
x=0.6;
u=2.6
For[i=1,i<100,i++,x=f[u,x];Print[x]]
u=3.3
For[i=1,i<100,i++,x=f[u,x];Print[x]]
u=3.45
For[i=1,i<100,i++,x=f[u,x];Print[x]]
u=3.551
For[i=1,i<100,i++,x=f[u,x];Print[x]]
```

输出说明:因为输出的结果比较长,这里将其省略.但从输出结果中可以看出,当 $a=2.6,3.3,3.45,3.551$ 时,出现收敛列或收敛子列,分别为收敛到一个点、2

个子列值、4个子列值和8个子列值.这种情况称为倍周期分岔现象.

(2) 输入:

```
Clear[f,u,x];f[u_,x_]:=u x (1-x);
x0=0.5;r={};
Do[For[i=1,i<=300,i++,x0=f[u,x0];
  If[i>100,r=Append[r,{u,x0}]]],{u,1.0,4.0,0.03}];
ListPlot[r,PlotStyle->AbsolutePointSize[4]]
```

输出:如图1.41所示.

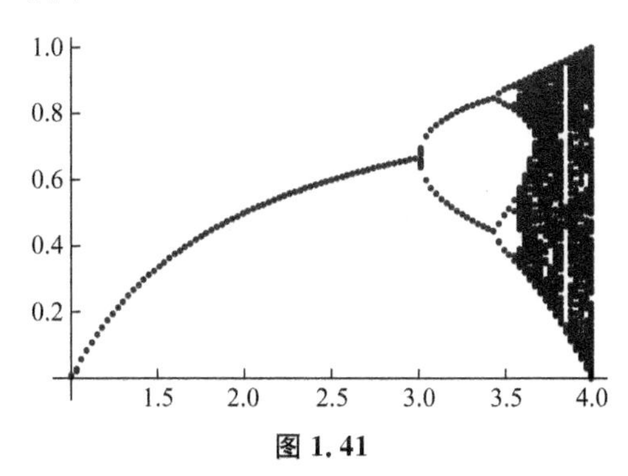

图1.41

4. 分形图

例4　给定一个初始图形为一条线段,作出三次Koch曲线.

输入:

```
pos={0,0};l={};AppendTo[l,pos];\[Theta]=0;
left[theta_]:=(\[Theta]=\[Theta]+theta);
right[theta_]:=(\[Theta]=\[Theta]-theta);
forward[size_]:=(pos=pos+size*{Cos[\[Theta]],Sin[\[Theta]]};
  AppendTo[l,pos]);
Koch[order_,size_]:=
  If[order==0,forward[size],Koch[order-1,size/3];
    left[Pi/3];Koch[order-1,size/3];right[2Pi/3];
    Koch[order-1,size/3];left[Pi/3];Koch[order-1,size/3];];

l ={};AppendTo[l,pos];Koch[1,3];Graphics[Line[l]]
l={};AppendTo[l,pos];Koch[2,3];Graphics[Line[l]]
l={};AppendTo[l,pos];Koch[5,3];Graphics[Line[l]]
```

输出:分别如图1.42、图1.43和图1.44所示.

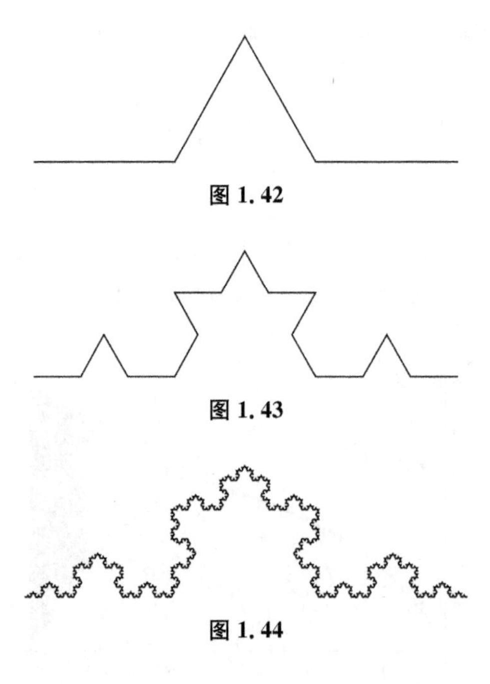

图 1.42

图 1.43

图 1.44

三、练习

1. 研究斐波那契数列$\{F_n\}$,求出$\lim\limits_{n\to\infty}\frac{F_{n-1}}{F_n}$的精确值.

2. 研究离散 Logistic 迭代映射

$$x_{n+1}=a\cdot x_n(1-x_n),\quad 其中\ a\in[0,4],x_n\in[0,1],$$

说明为什么会出现倍周期分岔现象.

3. 研究帐篷映射

$$x_{n+1}=\alpha\left(1-2\left|x_n-\frac{1}{2}\right|\right),\quad 其中\ \alpha\in(0,1]$$

的收敛子列情况,说明是否会出现倍周期分岔现象.

4. 用图形演示 Cantor 三分集的迭代过程.

5. Julia 集是法国数学家 Gaston Julia 和 Pierre Faton 在发展了复变函数迭代的基础理论后获得的,它由复变函数 $f(z)=z^2+c$ 生成,其中 c 为常数. Julia 集也是一个典型的分形,只是在表达上相当复杂,难以用古典的数学方法进行描述. 试通过查阅相关资料,作出 Julia 分形图.

本章参考文献

[1] 南京理工大学应用数学系. 高等数学. 2 版. 北京：高等教育出版社，2008.

[2] 李尚志，陈发来，张韵华，等. 数学实验. 2 版. 北京：高等教育出版社，2004.

[3] 乐经良，向隆万，李世栋，等. 数学实验. 2 版. 北京：高等教育出版社，2011.

[4] 姜启源，谢金星，邢文训，等. 大学数学实验. 2 版. 北京：清华大学出版社，2010.

第二章　MATLAB 软件实验

实验一　MATLAB 入门

一、实验目的

MATLAB 是一种以矩阵为核心的科学计算工具. 其语法规则简单，程序编写方便，且集应用程序和图示于一体，具有强大的数据处理和计算能力，因而适合于解决各种工程领域的问题. 本实验的目的是介绍 MATLAB 的基本用法和矩阵的表示.

二、实验内容

1. 基本命令

format：设置输出格式；

help 函数名或类名：显示函数或类的用法说明等相关信息；

path：显示或修改 MATLAB 的搜索路径；

cd：显示或改变当前工作目录；

sparse：由非零元素和下标创建稀疏矩阵；

zeros：零矩阵；

ones：元素均为 1 的矩阵；

eye：单位矩阵；

rand：均匀分布的随机数矩阵；

randn：正态分布的随机数矩阵.

2. MATLAB 的基本操作

例 1　MATLAB 的工作界面.

使用鼠标双击电脑桌面上的 MATLAB 图标，即可进入 MATLAB 的工作界面(如图 2.1 所示).

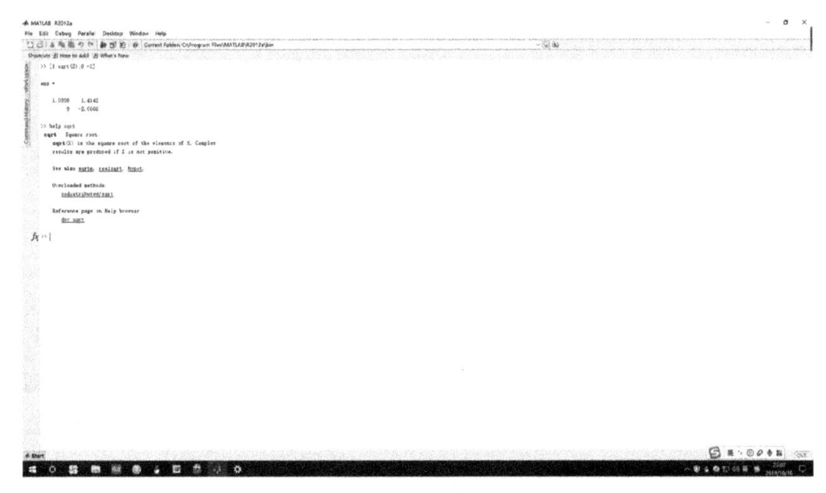

图 2.1

“≫”为运算提示符，在“≫”后输入命令或正确的运算式，然后按 Enter 键，运算结果就会显示在命令窗口中. MATLAB 总是以双精度执行所有的运算，但数字显示的默认格式为 5 位有效数字. 我们可以用 format 命令来改变输出格式，例如 format long 回车，输出的数据为长格式 16 位有效数字；format bank 显示两位小数；format rat 则显示为有理数分数. 但 format 只影响结果的显示，MATLAB 内部的数据格式一直是双精度这一种格式.

help 是获取在线帮助的命令，通常要在其后加上函数名或类名等关键词. 例如在图 2.1 中键入 help sqrt 后，系统就列出对 sqrt 的用法说明.

例 2　MATLAB 的搜索路径.

MATLAB启动后有自己的默认搜索路径，可以用 path 命令来显示当前的 MATLAB 搜索路径. 若 MATLAB 在 C 盘根目录下，在命令窗口输入 path，则有

```
>>path
MATLABPATH
C:\Users\acer\Documents\MATLAB
C:\Program Files\MATLAB\R2012a\toolbox\hdlcoder\matlabhdlcod-
er\matlabhdlcoder
C:\Program Files\MATLAB\R2012a\toolbox\hdlcoder\matlabhdlcod-
er
C:\Program Files\MATLAB\R2012a\toolbox\matlabxl\matlabxl
C:\Program Files\MATLAB\R2012a\toolbox\matlabxl\matlabxldemos
C:\Program Files\MATLAB\R2012a\toolbox\matlab\demos
```

```
C:\Program Files\MATLAB\R2012a\toolbox\matlab\graph2d
C:\Program Files\MATLAB\R2012a\toolbox\matlab\graph3d
C:\Program Files\MATLAB\R2012a\toolbox\matlab\graphics
C:\Program Files\MATLAB\R2012a\toolbox\matlab\plottools
C:\Program Files\MATLAB\R2012a\toolbox\matlab\scribe
C:\Program Files\MATLAB\R2012a\toolbox\matlab\specgraph
.........
```

如果需要运行的 M 文件不在搜索路径中且也不在当前目录上，MATLAB 就找不到它们. 这时，可以把该文件所在的目录(文件夹)添加到 MATLAB 的搜索路径中，例如在命令窗口输入

```
>>path (path,'D:\mymfile')
```

增加 D:\mymfile 到上面的当前搜索路径中. 或者使用 cd 命令改变当前工作目录，如输入

```
>>cd D:
>>cd D:\mymfile
```

就将 D:\mymfile 设置为当前目录. 如 cd 后面没有路径，就显示当前工作目录或文件夹，如

```
>>cd
C:\Program Files\MATLAB\R2012a\bin
```

即表示当前目录为"C:\Program Files\MATLAB\R2012a\bin".

当然，我们也可在命令窗口的菜单栏点击"File"→"Set Path"→"Add Folder"，进行用户工作路径的设置(如图 2.2 和图 2.3 所示).

图 2.2

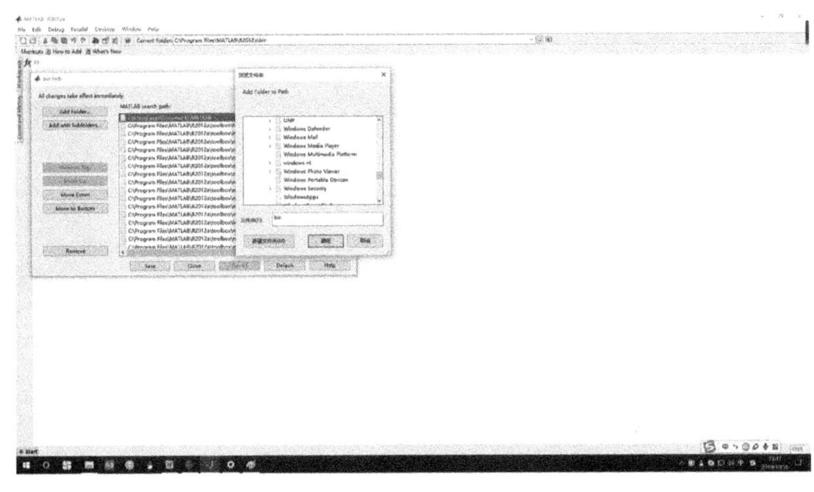

图 2.3

例 3　基本代数运算.

MATLAB 的基本代数运算如下：

(1) + :加；

(2) - :减；

(3) * :乘；

(4) / :右除(常规的除法)；

(5) \ :左除；

(6) ^ :幂.

上面两种不同的除法对矩阵是有区别的，但对数量，这两种除法的运算结果是一样的，如 1/4 与 4\1 是相同的，都等于 0.25.

例 4　复数.

MATLAB 最强大的功能之一是对复数不需作特殊处理. 复数的虚数部分用 i 或 j 表示，它可由下述两种形式生成：

(1) z=a+b*i(也可写成 z=a+bi，即数字和 i 之间的乘号可以省略)；

(2) z=r*exp(i*θ)(也可写成 z=r*exp(iθ))，其中 r 为复数的模，θ为复数辐角的弧度数.

例如：

```
>>3-4*j
ans=
  3.0000-4.0000i
>>z1=1+i
```

```
z1=
  1.0000+1.0000i
>>z2=sqrt(2)*exp(i*0.25*pi)
z2=
  1.0000+1.0000i
```

有如下一些常用的处理复数的命令：

(1) real(z)：求 z 的实部；

(2) imag(z)：求 z 的虚部；

(3) abs(z)：求 z 的绝对值；

(4) conj(z)：求 z 的复数共轭；

(5) angle(z)：求 z 的辐角.

3. 矩阵的表示

例 5 矩阵的直接输入.

MATLAB 中矩阵可以多种方式输入，如直接按行输入每个元素、通过语句和函数产生、在 M 文件中创建、从外部的数据文件中导入等.

MATLAB 对于小型矩阵的输入非常方便，可把矩阵的元素直接排列到方括号中，行内元素用逗号分隔或空格分隔，行与行间用分号分隔. 例如：

```
>>A=[1,2,3;0,-1,2;-2,3,-4]
A=
     1    2    3
     0   -1    2
    -2    3   -4
>>A=[1 2 3;0 -1 2;-2 3 -4]
A=
     1    2    3
     0   -1    2
    -2    3   -4
```

行与行间的分号也可用回车键代替. 例如

```
>>A=[1  2  3
0  -1  2
-2  3  -4]
A=
     1    2    3
     0   -1    2
    -2    3   -4
```

矩阵元素也可以是任何表达式. 例如:

```
>>B= [1 sqrt(2) sin(3);(6-2+3)/5  -1  2*4]
B=
   1.0000   1.4142  0.1411
   1.4000  -1.0000  8.0000
```

例 6　特殊矩阵的生成.

有如下一些常用的建立特殊矩阵的函数:

(1) eye:生成单位矩阵;

(2) zeros:生成元素全为零的矩阵;

(3) ones:生成元素全为 1 的矩阵;

(4) rand:生成元素服从 0 和 1 之间均匀分布的随机矩阵;

(5) randn:生成元素服从零均值单位方差正态分布的随机矩阵;

(6) diag:生成对角矩阵;

(7) linspace:生成向量或数组.

例如:

```
>>E1=eye(3)
E1=
    1  0  0
    0  1  0
    0  0  1
>>E2=eye(2,3)      %生成一个 2×3 广义单位矩阵
E2=
    1  0  0
    0  1  0
>>A1=zeros(3)      %zeros(n)生成一个 n×n 的零矩阵,zeros(m,n)生成
                     一个m×n的零矩阵
A1=
    0  0  0
    0  0  0
    0  0  0
>>A2=ones(3)      %ones(n)生成一个 n×n 的全 1 矩阵,ones(m,n)生成一
                    个m×n的全 1 矩阵
```

```
A2=
    1  1  1
    1  1  1
    1  1  1
>>A3=rand(3)      %rand(n)生成一个n×n的随机矩阵,rand(m,n)生成一个m×n的随机矩阵
A3=
    0.8147  0.9134  0.2785
    0.9058  0.6324  0.5469
    0.1270  0.0975  0.9575
>>A4=randn(3)
A4=
    -0.2050  1.4090  -1.2075
    -0.1241  1.4172   0.7172
     1.4897  0.6715   1.6302
```

MATLAB 中的对角矩阵是广义的,如

$$\begin{bmatrix}1&0&0&0\\0&2&0&0\\0&0&3&0\\0&0&0&4\end{bmatrix},\quad\begin{bmatrix}0&1&0&0\\0&0&2&0\\0&0&0&3\\0&0&0&0\end{bmatrix},\quad\begin{bmatrix}0&0&0&0\\0&0&0&0\\1&0&0&0\\0&2&0&0\end{bmatrix}$$

均是对角矩阵. 通常主对角线编号为 0,主对角线上方第一条次对角线编号为 1,主对角线下方第一条次对角线编号为 −1,依此类推. diag(v,k)生成以向量 v 作为第 k 条次对角线上元素的对角矩阵. 例如:

```
>>v1=[1,2,3,4];      %语句的结尾用分号,表示只执行运算,但不显示结果
>>A5=diag(v1,0)
A5=
    1  0  0  0
    0  2  0  0
    0  0  3  0
    0  0  0  4
>>v2=[1,2,3];
>>A6=diag(v2,-1)
```

```
A6=
    0  0  0  0
    1  0  0  0
    0  2  0  0
    0  0  3  0
>>v3=[1,2];
>>A7=diag(v3,2)
A7=
    0  0  1  0
    0  0  0  2
    0  0  0  0
    0  0  0  0
>>x1=linspace(0,10)       %x=linspace(a,b)表示在(a,b)上生成100个
                           线性等分点的行向量
x1=
  Columns 1 through 17
      0     0.1010    0.2020    0.3030    0.4040    0.5051    0.6061
0.7071    0.8081    0.9091    1.0101    1.1111    1.2121    1.3131
1.4141    1.5152    1.6162
  Columns 18 through 34
1.7172    1.8182    1.9192    2.0202    2.1212    2.2222    2.3232
2.4242    2.5253    2.6263    2.7273    2.8283    2.9293    3.0303
3.1313    3.2323    3.3333
  Columns 35 through 51
3.4343    3.5354    3.6364    3.7374    3.8384    3.9394    4.0404
4.1414    4.2424    4.3434    4.4444    4.5455    4.6465    4.7475
4.8485    4.9495    5.0505
  Columns 52 through 68
5.1515    5.2525    5.3535    5.4545    5.5556    5.6566    5.7576
5.8586    5.9596    6.0606    6.1616    6.2626    6.3636    6.4646
6.5657    6.6667    6.7677
  Columns 69 through 85
6.8687    6.9697    7.0707    7.1717    7.2727    7.3737    7.4747
7.5758    7.6768    7.7778    7.8788    7.9798    8.0808    8.1818
```

```
8.2828    8.3838    8.4848
  Columns 86 through 100
8.5859    8.6869    8.7879    8.8889    8.9899    9.0909    9.1919
9.2929    9.3939    9.4949    9.5960    9.6970    9.7980    9.8990
10.0000
>>x2=linspace(1,10,10)     %x=linspace(a,b,n)表示在(a,b)上生成n
                            个线性等分点的行向量
x2=
   1    2    3    4    5    6    7    8    9    10
>>x3=0:10     %x=a:b表示生成从a开始,加1计数,到b结束的行向量
x3=
   0    1    2    3    4    5    6    7    8    9    10
>>x4=0:2:10     %x=a:m:b表示生成从a开始,加m计数,到b结束的行
                 向量
x4=
   0    2    4    6    8    10
```

例 7 稀疏矩阵.

稀疏矩阵通常指含有大量0元素的矩阵,我们在很多实际应用场合都会遇到. MATLAB中的命令sparse是用来创建稀疏矩阵的,且只存储非零元素.

sparse(u,v,a,m,n):生成一个由向量u,v和a定义的m×n阶的稀疏矩阵,其中(u_i, v_i)对应的值为a_i,u_i表示向量u的第i个分量.

例如:

```
>>u=[3 2 3 4 1];
>>v=[1 2 2 3 4];
>>a=[1 2 3 4 5];
>>S=sparse(u,v,a,4,4)
S=
   (3,1)         1
   (2,2)         2
   (3,2)         3
   (4,3)         4
   (1,4)         5
```

可用命令full将稀疏矩阵转换成一个满矩阵. 如对上述的矩阵$\boldsymbol{S}$:

```
>>A8= full(S)
```

```
A8=
     0     0     0     5
     0     2     0     0
     1     3     0     0
     0     0     4     0
```

例 8　下标.

矩阵的元素可用圆括号中的数字(也称下标)来表达,一维矩阵(即数组或向量)中的元素用一个下标表示,二维矩阵有行号和列号两个下标数,以逗号分开.例如:

```
>>x=1:5
x=
   1     2     3     4     5
>>x(2)
ans=
     2
>>A=[1 2 3;4 5 6;7 8 9]
A=
   1     2     3
   4     5     6
   7     8     9
>>A(2,3)
ans=
     6
```

进一步,利用下标还可以很方便地进行矩阵元素的提取、矩阵元素的部分删除以及矩阵元素的扩充.例如:

```
>>A([1,2],[1,3])        %提取矩阵A的第1行和第2行以及第1列和第3列
                          生成的子矩阵
ans=
     1     3
     4     6
>>A(1:2,2:3)        %A(i1:i2,j1:j2)表示提取矩阵A的第i1~i2行和第j1
                     ~j2列生成的子矩阵
ans=
     2     3
     5     6
```

```
>>A(2,:)        %A(r,:)表示提取矩阵 A 的第 r 行;A(:,r)表示提取矩阵 A 的
                    第 r 列;“:”代替下标,可以表示所有的行或列
ans=
     4     5     6
>>A(:,4)=[-1 -1 -1]      %矩阵 A 添加第 4 列元素
A=
   1     2     3    -1
   4     5     6    -1
   7     8     9    -1
>>A(:,3:4)=[]      %A(:,j1:j2)=[]表示删除矩阵 A 的第 j1～j2 列,A(i1:
                    i2,:)=[]表示删除矩阵 A 的第 i1～i2 行,[]为空矩阵
A=
   1     2
   4     5
   7     8
```

三、练习

1. 输入矩阵$\boldsymbol{A}=\begin{bmatrix}1 & 4 & 8 & 13 & 7\\ -3 & 6 & 5 & 0 & -5\\ 2 & -7 & 0 & 1 & 9\end{bmatrix}$.

2. 生成一个 5×6 阶元素服从 0 和 1 之间均匀分布的随机矩阵,以及一个 6 阶元素服从零均值单位方差正态分布的随机矩阵.

3. 用 MATLAB 的特殊矩阵函数生成以下矩阵：

$$\boldsymbol{A}=\begin{bmatrix}0 & 1 & 0\\ 0 & 0 & 1\\ 0 & 0 & 0\end{bmatrix},\quad \boldsymbol{B}=\begin{bmatrix}0 & 0 & 0 & 0\\ 0 & 0 & 0 & 0\\ 0 & 0 & 0 & 0\end{bmatrix},\quad \boldsymbol{C}=\begin{bmatrix}0 & 0 & 0\\ 0 & 0 & 0\\ 2 & 0 & 0\end{bmatrix},\quad \boldsymbol{D}=\begin{bmatrix}1 & 1 & 1\\ 1 & 1 & 1\\ 1 & 1 & 1\end{bmatrix}.$$

4. 生成稀疏矩阵$\begin{bmatrix}0 & 2 & 0 & 0\\ 1 & 0 & 0 & 0\\ 0 & 0 & 4 & 5\\ 0 & 3 & 0 & 0\end{bmatrix}$.

5. (1) 提取第 1 题中矩阵 $\boldsymbol{A}$ 的第 3 行和第 4 列元素；

(2) 将第 1 题中矩阵 $\boldsymbol{A}$ 添加一行元素(0,−1,0,−1,0)；

(3) 删除上一问中矩阵 $\boldsymbol{A}$ 的第 2 列和第 5 列.

实验二 矩阵运算

一、实验目的

矩阵运算是MATLAB的基础.通过对MATLAB矩阵运算命令的使用,熟练掌握用MATLAB进行矩阵的四则运算、转置和乘方等.

二、实验内容

1. 基本命令

A+B:矩阵A加矩阵B;

A-B:矩阵A减矩阵B;

A*B:矩阵A乘以矩阵B;

A\B:矩阵A左除矩阵B,通常为$A^{-1}B$;

B/A:矩阵A右除矩阵B,通常为BA^{-1};

A^y:矩阵A的y次方;

A′:矩阵A的转置(若A为复矩阵,则A′为A的共轭转置);

inv(A):矩阵A的逆矩阵;

det(A):矩阵A的行列式;

rank(A):矩阵A的秩.

2. 矩阵运算实例(Ⅰ)

例1 两个矩阵相加(减)就是它们对应的元素相加(减),而矩阵必须具有相同的阶数才能进行加(减)运算.MATLAB中可以用命令size来获取矩阵的阶数.例如:

```
>>A=[1 2 3 0;4 6 7 9]
A=
   1    2    3    0
   4    6    7    9
>>n=size(A)
n=
   2    4
>>[r,c]=size(A)
```

```
r=
   2
c=
   4
```

注:只有一个输出变量时,size 返回一个二维行向量,第一个分量值是行数,第二个分量值是列数;当 size 返回两个输出变量时,第一个是行数,第二个是列数.

例 2 如果两矩阵中前一矩阵 $\boldsymbol{A}$ 的列数等于后一矩阵 $\boldsymbol{B}$ 的行数,可以进行矩阵相乘,命令为 A*B. 如果矩阵 $\boldsymbol{A}$ 和 $\boldsymbol{B}$ 中有一个为标量,A*B 则为矩阵的数乘运算. 例如:

$$\boldsymbol{A}=\begin{bmatrix}1 & 2\\ 3 & 4\end{bmatrix},\quad \boldsymbol{B}=\begin{bmatrix}3 & 4\\ 5 & 6\end{bmatrix},\quad C=2.$$

```
>>A*B
ans=
     13    16
     29    36
>>A*C
ans=
     2    4
     6    8
```

例 3 在矩阵理论中通常没有除法,只有逆矩阵. 这里矩阵除法是 MATLAB 从逆矩阵的概念引申出来的,符号"\"和"/"分别表示左除和右除. 如果 $\boldsymbol{A}$ 是可逆矩阵,则命令 A\B 和 B/A 分别等价于命令 inv(A) * B 和 B * inv(A).

通常,X=A\B 是矩阵方程 $\boldsymbol{AX}=\boldsymbol{B}$ 的解,X=B/A 是矩阵方程 $\boldsymbol{XA}=\boldsymbol{B}$ 的解. 一般地,A\B≠B/A. 如对例 2 中的 $\boldsymbol{A},\boldsymbol{B}$:

```
>>A\B
ans=
     -1.0000  -2.0000
      2.0000   3.0000
>>inv(A)*B
ans=
     -1.0000  -2.0000
      2.0000   3.0000
>>B/A
```

```
ans=
          0  1.0000
    -1.0000  2.0000
>>B*inv(A)
ans=
     0.0000  1.0000
    -1.0000  2.0000
```

例 4　若 $\boldsymbol{A}$ 为方阵,$\boldsymbol{A}$ 的 p 次方可以用 A^p 实现. 如对例 2 中的 $\boldsymbol{A}$,要求 $\boldsymbol{A}^2$,有

```
>>A*A
ans=
     7  10
    15  22
>>A^2
ans=
     7  10
    15  22
```

例 5　按位运算.

矩阵的按位运算就是按元素对元素方式进行的运算. 如把矩阵看成数组,矩阵的按位运算就是通常的数组运算. 除了加、减运算外,矩阵的按位运算符前面一般有“.”作为前导符. 如按位乘“.*”,表示若 $\boldsymbol{A}$,$\boldsymbol{B}$ 两数组具有相同的大小,则 A.*B 即是 $\boldsymbol{A}$ 和 $\boldsymbol{B}$ 中单个元素之间的对应相乘;当两个数组中有一个是单个数,则等价于这个数与另一个数组中每个元素相乘. 类似还有按位左除“.\”、按位右除“./”、按位幂“.^”. 例如:

$$\boldsymbol{A}=\begin{bmatrix}1 & 2\\3 & 4\end{bmatrix},\quad \boldsymbol{B}=\begin{bmatrix}3 & 4\\5 & 6\end{bmatrix}.$$

```
>>C1=A-1
C1=
  0  1
  2  3
>>C2=1+A
C2=
  2  3
  4  5
>>C3=A.*B
```

```
C3=
    3   8
   15  24
>>C4=A.\B      %数组 B 的元素除以 A 的对应元素
C4=
   3.0000  2.0000
   1.6667  1.5000
>>C5=A./B      %数组 A 的元素除以 B 的对应元素
C5=
   0.3333  0.5000
   0.6000  0.6667
>>C6=A.\2
C6=
   2.0000  1.0000
   0.6667  0.5000
>>C7=A./2
C7=
   0.5000  1.0000
   1.5000  2.0000
>>C8=A.^B      %以数组 A 的元素为底,以 B 的对应元素为指数求得的幂构成
                的矩阵
C8=
     1    16
   243  4096
>>C9=A.^(-1)
C9=
   1.0000  0.5000
   0.3333  0.2500
>>C10=2.^A
C10=
    2   4
    8  16
```

3. 矩阵运算实例(Ⅱ)

例 6 求矩阵的转置、行列式、秩.这里已知

$$A=\begin{bmatrix}1&0&-1\\2&3&4\\7&-2&5\end{bmatrix},\quad B=\begin{bmatrix}2&1+i&-i\\1-i&1&1-2i\\i&1+2i&3\end{bmatrix},$$

$$C=\begin{bmatrix}5&-3&2&4\\4&-2&3&7\\8&-6&-1&-5\end{bmatrix}.$$

```
>>A'
ans=
    1   2   7
    0   3  -2
   -1   4   5
>>B'      %复矩阵B的共轭转置
ans=
    2.0000              1.0000+1.0000i          0-1.0000i
    1.0000-1.0000i      1.0000              1.0000-2.0000i
         0+1.0000i      1.0000+2.0000i      3.0000
>>B.'     %.'表示仅转置,即非共轭转置
ans=
    2.0000              1.0000-1.0000i          0+1.0000i
    1.0000+1.0000i      1.0000              1.0000+2.0000i
         0-1.0000i      1.0000-2.0000i      3.0000
>>det(B)
ans=
    -9
>>rank(C)
ans=
    2
```

三、练习

1. 设 $\boldsymbol{A}=\begin{bmatrix}1&0&-1\\2&3&4\\7&-2&5\end{bmatrix}$,$\boldsymbol{B}=\begin{bmatrix}2&1+i&-i\\1-i&1&1-2i\\i&1+2i&3\end{bmatrix}$,求 $\boldsymbol{A}+\boldsymbol{B}$.

2. 对上一题中的 $\boldsymbol{A}$ 和 $\boldsymbol{B}$,求 A^2,A * B',A * B.' .

3. 设 $\boldsymbol{A}=\begin{bmatrix}1 & 2 & -1\\ 3 & 1 & 0\\ -1 & 0 & -2\end{bmatrix}$,求 det(A)和 inv(A).

4. 已知 $\boldsymbol{A}=\begin{bmatrix}1 & 4 & 8 & 13 & 7\\ -3 & 6 & 5 & 0 & -5\\ 2 & -7 & 0 & 1 & 9\end{bmatrix}$,求 rank(A).

5. 已知 $\boldsymbol{A}=\begin{bmatrix}1 & 2 & -1\\ 3 & 1 & 0\\ -1 & 0 & -2\end{bmatrix}$,$\boldsymbol{B}=\begin{bmatrix}1 & 1 & 0\\ 0 & 1 & 0\\ 0 & 0 & 1\end{bmatrix}$,求 A\B 和 B/A.

实验三　程序文件(M 文件)

一、实验目的

了解并掌握 M 文件的建立和使用方法.

二、实验内容

1. 基本命令

clc:清屏;

clear:清除工作空间的变量;

close all:关掉显示图形窗口;

rref(A):产生矩阵 A 的简化的阶梯形矩阵或行简化阶梯形矩阵;

null(A):产生齐次线性方程组 Ax=0 的基础解系,并使基础解系的各向量归一化为单位向量;

null(A,'r'):产生齐次线性方程组 Ax=0 的基础解系,并使基础解系各向量的分量用最小整数表示.

2. 主程序文件

例 1　对于一些小型问题,直接在命令窗口输入命令然后执行的形式是方便可取的,但对于较大型的复杂问题,也用这种方法时就显得麻烦,处理很不方便,可读性也很差. 此时,使用 MATLAB 提供的 M 文件可以有效地解决这个问题. M 文件有两种,即主程序文件和函数文件,它们都是以 .m 为扩展名的文本文件. 主程序文件也称为命令文件或脚本文件(Script File),是主程序可以直接运行的文件.

在命令窗口输入>>edit 即可打开一个主程序 M 文件窗口(或从命令窗口的菜单栏点击“File”→“New”→“Script”),再在 M 文件窗口中输入需要执行的各条语句,组成 M 文件的内容. 输入完毕后,给它起一个文件名并存储在 MATLAB 的搜索路径下自己确定的子目录中,即完成主程序 M 文件的建立. 例如:

```
%exam31 主程序文件
clc
clear
close all
A0=diag(ones(1,4),0);
A1=diag(ones(1,3),1);
A2=diag(ones(1,2),2);
A3=diag(ones(1),3);
A=A0+A1+A2+A3
```

把这个文件以 M 文件 exam31. m 保存后,在 MATLAB 的命令窗口输入文件名 exam31 即可执行 exam31. m 的命令.

```
>>exam31
A=
   1    1    1    1
   0    1    1    1
   0    0    1    1
   0    0    0    1
```

当然,用户也可以重复打开 M 文件 exam31. m 进行编辑.

例 2　用 M 文件求矩阵 $\boldsymbol{A}=\begin{bmatrix}1 & 1 & 1 & 4 & -3\\ 2 & 1 & 3 & 5 & -5\\ 1 & -1 & 3 & -2 & -1\\ 3 & 1 & 5 & 6 & -7\end{bmatrix}$的简化的阶梯形矩阵.

MATLAB 的主程序 M 文件如下:

```
%exam32 主程序文件
clc
clear
close all
A=[1 1 1 4 -3;2 1 3 5 -5;1 -1 3 -2 -1;3 1 5 6 -7];
B=rref(A)
```

程序运行的结果如下:

```
>>exam32
B=
   1  0   2  1  -2
   0  1  -1  3  -1
   0  0   0  0   0
   0  0   0  0   0
```

例 3　用 M 文件求齐次线性方程组 $\boldsymbol{Ax}=\boldsymbol{0}$的基础解系,其中

$$\boldsymbol{A}=\begin{bmatrix}1 & 1 & 1 & 4 & -3\\2 & 1 & 3 & 5 & -5\\1 & -1 & 3 & -2 & -1\\3 & 1 & 5 & 6 & -7\end{bmatrix}.$$

MATLAB 的主程序 M 文件如下:

```
%exam33 主程序文件
clc
clear
close all
A=[1 1 1 4 -3;2 1 3 5 -5;1 -1 3 -2 -1;3 1 5 6 -7];
Z1=null(A)
Z2=null(A,'r')
```

程序运行的结果如下:

```
>>exam33
Z1=
     0.8974  -0.0635   0.2872
     0.1166   0.9447  -0.0615
    -0.3864   0.2270   0.4106
    -0.1763  -0.2090   0.4105
    -0.0258   0.0908   0.7594
Z2=
    -2  -1  2
     1  -3  1
     1   0  0
     0   1  0
     0   0  1
```

3. 函数文件

函数文件（Function File）是子程序文件，不能直接运行，只能被其他文件调用. 函数文件有如下特点：

(1) 函数文件的第一行必须由 function 开头，否则就成为主程序文件，而不是函数文件.

(2) 第一行紧跟 function 的语句必须指定函数名、输入变量（参数）和输出变量（参数），即 `function output=name(input)`. 输入变量和输出变量可以有零个或多个.

(3) 第一行的函数名须与文件名相同，如函数 ssanjiao 存储在名为 `ssanjiao.m` 的函数 M 文件中.

(4) 函数可以按少于函数 M 文件中所规定的输入和输出变量进行调用，但不能多于文件中的输入和输出变量数目.

(5) 当输出变量多于 1 个时，输出变量放在括号[]内，中间用逗号隔开.

例 4　用函数 M 文件生成例 1 中的矩阵 **A**.

MATLAB 的函数 M 文件如下：

```
function X=fun31(n)       %函数 M 文件，保存在名为 fun31.m 的函数 M 文
                           件中
X0=diag(ones(1,n),0);
X1=diag(ones(1,n-1),1);
X2=diag(ones(1,n-2),2);
X3=diag(ones(1,n-3),3);
X=X0+X1+X2+X3;
```

相应的 MATLAB 主程序 M 文件如下：

```
%exam34 主程序文件
clc
clear
close all
n=4;
A=fun31(n)
```

程序运行的结果如下：

```
>>exam34
A=
```

```
   1     1     1     1
   0     1     1     1
   0     0     1     1
   0     0     0     1
```

例 5　用函数 M 文件法求解例 3.

MATLAB 的函数 M 文件如下：

```
function [X1,X2]=fun32(A)       %函数 M 文件
X1=null(A);
X2=null(A,'r');
```

相应的 MATLAB 主程序 M 文件如下：

```
%exam35 主程序文件
clc
clear
close all
A=[1 1 1 4 -3;2 1 3 5 -5;1 -1 3 -2 -1;3 1 5 6 -7];
[Z1,Z2]=fun32(A)
```

程序运行的结果如下：

```
>>exam35
Z1=
     0.8974   -0.0635    0.2872
     0.1166    0.9447   -0.0615
    -0.3864    0.2270    0.4106
    -0.1763   -0.2090    0.4105
    -0.0258    0.0908    0.7594
Z2=
    -2   -1   2
     1   -3   1
     1    0   0
     0    1   0
     0    0   1
```

三、练习

1. 分别用主程序 M 文件和函数 M 文件法生成下列矩阵：

(1) $\begin{bmatrix} 1 & & & & \\ 1 & 1 & & & \\ 1 & 1 & 1 & & \\ 1 & 1 & 1 & 1 & \\ 1 & 1 & 1 & 1 & 1 \end{bmatrix}$；　　(2) $\begin{bmatrix} -1 & 2 & & & \\ 3 & -1 & 3 & & \\ & 4 & -1 & 4 & \\ & & 5 & -1 & \end{bmatrix}$.

2. 用函数 M 文件法求下列矩阵的简化的阶梯形矩阵：

(1) $\boldsymbol{A}=\begin{bmatrix} 1 & 1 & 1 & 1 & 1 \\ 1 & 2 & -2 & 1 & 1 \\ 2 & 3 & -1 & 2 & 2 \\ 1 & 3 & -5 & 1 & 1 \end{bmatrix}$；　　(2) $\boldsymbol{B}=\begin{bmatrix} 1 & -3 & -2 & 1 \\ -2 & 1 & 1 & -4 \\ -1 & -7 & -3 & -7 \\ 3 & -14 & -9 & 1 \end{bmatrix}$；

(3) $\boldsymbol{C}=\begin{bmatrix} 1 & 1 & 3 & 3 \\ 1 & 3 & 1 & 7 \\ 1 & -5 & 10 & -9 \\ 3 & -1 & 15 & 1 \end{bmatrix}$.

3. 用函数 M 文件法求齐次线性方程组 $\boldsymbol{Ax}=\boldsymbol{0}$ 的基础解系，其中

$$\boldsymbol{A}=\begin{bmatrix} 1 & 5 & -1 & -1 \\ 3 & 13 & -5 & -7 \\ 3 & 17 & -1 & 1 \\ -1 & -11 & -5 & -11 \end{bmatrix}.$$

实验四　程序控制与编程

一、实验目的

理解并掌握 MATLAB 控制语句的功能和使用方法.

二、实验内容

1. 基本命令

(1) 关系运算操作符

<	小于
<=	小于等于
>	大于
>=	大于等于
==	等于
~=	不等于

(2) 逻辑运算操作符

&	与
|	或
~	非

(3) abs(X):矩阵 X 各元素的绝对值. 若矩阵中的元素是复数时,则是该复数的模.

(4) max:对于向量 x,max(x)是向量中最大的元素;对于矩阵 X,max(X)是包含着矩阵每一列中最大元素的一个向量.

2. if 条件控制语句

在 MATLAB 中,if 语句是对所给定的条件进行判断,进而有条件执行的操作. if 语句的基本格式如下:

```
if 表达式
   语句
end
```

即在 if 后的表达式为真时,才能执行 if 和 end 之间语句命令.

如果有两个选择,则有如下 if - else - end 结构:

```
if 表达式
   语句 1
else
   语句 2
end
```

即若表达式为真,则执行语句 1 中的命令;若表达式是假,则执行语句 2 中的命令.

当有三个或更多的选择时,则有如下嵌套的 if 语句:

```
if 表达式 1
  语句 1
elseif 表达式 2
  语句 2
elseif 表达式 3
```

```
  语句 3
elseif 表达式 4
  语句 4
…
else
  语句
end
```

即依次检查各表达式,但只执行表达式第一次为真时对应的语句命令,接下来的表达式一一跳过,不再检验.须注意的是,这里 elseif 必须写成一个单词,不能分开写成 else if.

例 1　已知矩阵

$$\boldsymbol{A}=\begin{bmatrix} 1 & -5 & 6 & -2 \\ 3 & -6 & 9 & -4 \\ 0 & 1 & -3 & 0 \\ -2 & 7 & -1 & 5 \end{bmatrix},$$

判断矩阵 $\boldsymbol{A}$ 的第二行第一列元素的绝对值是否比第一行第一列元素的绝对值大.若是,则交换矩阵 $\boldsymbol{A}$ 的第一行与第二行.

MATLAB 的程序如下:

```
%exam41 主程序文件
clc
clear
close all
A=[1 -5 6 -2;3 -6 9 -4;0 1 -3 0;-2 7 -1 5];
if abs(A(2,1))>abs(A(1,1))
  A([1,2],:)=A([2,1],:);
end
A
```

程序运行的结果如下:

```
>>exam41
A=
    3   -6    9   -4
    1   -5    6   -2
    0    1   -3    0
   -2    7   -1    5
```

例 2 对例 1 中的语句用 if - else - end 结构.

MATLAB 的程序如下：

```
%exam42 主程序文件
clc
clear
close all
A=[1 -5 6 -2;3 -6 9 -4;0 1 -3 0;-2 7 -1 5];
if abs(A(2,1))>abs(A(1,1))
  A([1,2],:)=A([2,1],:);
else
  A;
end
A
```

程序运行的结果如下：

```
>>exam42
A=
     3   -6    9   -4
     1   -5    6   -2
     0    1   -3    0
    -2    7   -1    5
```

例 3 已知矩阵

$$\boldsymbol{A}=\begin{bmatrix}1 & -5 & 6 & -2\\3 & -6 & 9 & -4\\0 & 1 & -3 & 0\\-4 & 7 & -1 & 5\end{bmatrix},$$

将其第一列中绝对值最大的元素所在行交换到第一行.

MATLAB 的程序如下：

```
%exam43 主程序文件
clc
clear
close all
A=[1 -5 6 -2;3 -6 9 -4;0 1 -3 0;-4 7 -1 5];
m=max(abs(A(:,1)));
if abs(A(1,1))==m
```

```
  A;
elseif abs(A(2,1))==m
  A([1,2],:)=A([2,1],:);
elseif abs(A(3,1))==m
  A([1,3],:)=A([3,1],:);
else
  A([1,4],:)=A([4,1],:);
end
A
```

程序运行的结果如下：

```
>>exam43
A=
   -4   7  -1   5
    3  -6   9  -4
    0   1  -3   0
    1  -5   6  -2
```

3. for 循环语句

在MATLAB中,for循环就是完成一条或一组语句在一定情况下的反复执行,并且执行的次数是预先知道的.须以end命令结束for循环.for循环的一般形式如下：

```
for v=表达式
    语句
end
```

其中,v是循环变量名,表达式通常是一个向量,其元素的值被一个接一个地赋给变量v,然后由语句执行.另外,for循环也可以嵌套.

例4 用for循环生成矩阵

$$A=\begin{bmatrix}1 & -1 & & \\ 1 & 2 & \ddots & \\ & \ddots & \ddots & -1 \\ & & 1 & n\end{bmatrix}.$$

MATLAB的程序如下：

```
function X=fun41(n)        %函数M文件
for i=1:n
    for j=1:n
        if i==j
```

```
            X(i,i)=i;
        elseif j-i==1
            X(i,j)=-1;
        elseif i-j==1
            X(i,j)=1;
        else
            X(i,j)=0;
        end
    end
end
%exam44 主程序文件
clc
clear
close all
n=5;
A=fun41(n)
```

程序运行的结果如下：

```
>>exam44
A=
   1  -1   0   0   0
   1   2  -1   0   0
   0   1   3  -1   0
   0   0   1   4  -1
   0   0   0   1   5
```

4. while 循环语句

在 MATLAB 中，while 循环就是完成一条或一组语句在一个逻辑条件下的反复执行，但执行的次数是预先不知道的. 也须以 end 命令结束 while 循环. while 循环的一般形式如下：

```
while 表达式
        语句
end
```

只要表达式中的所有元素为真，就执行语句.

例 5 用 while 循环构造一个特征值的模小于 1 的二阶随机矩阵，并给出迭代的次数.

MATLAB 的程序如下：

```
%exam45 主程序文件
clc
clear
close all
A=rand(2);
t=1;
while max(abs(eig(A)))>=1
    A=rand(2);
    t=t+1;
end
A
t
e=eig(A)
```

程序运行的结果如下：

```
>>exam45
A=
   0.6555   0.7060
   0.1712   0.0318
t=
   6
e=
    0.8107
   -0.1234
```

三、练习

1. 对下列矩阵，用 if 语句判断矩阵中是否有零行．如果有，则从该矩阵中删除该零行．

(1) $\boldsymbol{A}=\begin{bmatrix} 0 & 0 & 0 & 0 \\ 1 & 2 & 3 & 4 \\ -2 & 1 & -2 & 0 \\ -5 & 6 & 3 & -7 \end{bmatrix}$；　　(2) $\boldsymbol{B}=\begin{bmatrix} 1 & -2 & 3 & -4 \\ 0 & 0 & 0 & 0 \\ -4 & 5 & 1 & 2 \\ -6 & 4 & 0 & -3 \end{bmatrix}$；

(3) $\boldsymbol{C}=\begin{bmatrix}1 & -2 & 3 & -4\\ 4 & -5 & 1 & -2\\ 6 & -4 & 0 & 3\\ 0 & 0 & 0 & 0\end{bmatrix}$.

2. 用 for 循环生成矩阵

$$\mathbf{A}=\begin{bmatrix}-1 & 0 & 1 & 2 & 3\\ 1 & 0 & 1 & 4 & 9\\ -1 & 0 & 1 & 8 & 27\\ 1 & 0 & 1 & 16 & 81\\ -1 & 0 & 1 & 32 & 243\end{bmatrix}.$$

3. 已知函数 $\ln(1+x)$的麦克劳林级数为

$$\ln(1+x)=\sum_{n=1}^{\infty}\frac{(-1)^{n+1}x^n}{n}\quad(-1<x\leqslant 1),$$

取 $x=0.5$,试用 while 循环语句给出麦克劳林级数前 n 项的和近似 $\ln(1+x)$的值,直到第 $n+1$ 项的系数绝对值小于10^{-5}为止,并给出满足条件的 n 的值.

实验五　微分方程仿真

一、实验目的

了解并掌握一阶常微分方程组初值问题的 MATLAB 数值求解方法,熟悉常用解指令的调用格式.

二、实验内容

1. 基本命令

ode45:采用四阶或五阶 Runge-Kutta 算法;

ode23:采用二阶或三阶 Runge-Kutta 算法.

2. 常微分方程组

本实验主要介绍一阶常微分方程组初值问题的数值解法. 对于一阶方程组初值问题

$$\begin{cases}\dfrac{\mathrm{d}y_1}{\mathrm{d}t}=f_1(t,y_1,y_2,\cdots,y_n),\\ \dfrac{\mathrm{d}y_2}{\mathrm{d}t}=f_2(t,y_1,y_2,\cdots,y_n),\\ \quad\vdots\\ \dfrac{\mathrm{d}y_n}{\mathrm{d}t}=f_n(t,y_1,y_2,\cdots,y_n),\\ y_1(t_0)=y_{10},\\ y_2(t_0)=y_{20},\\ \quad\vdots\\ y_n(t_0)=y_{n0},\end{cases}\tag{1}$$

可用向量形式表示为

$$\begin{cases}\dfrac{\mathrm{d}\boldsymbol{y}}{\mathrm{d}t}=\boldsymbol{f}(t,\boldsymbol{y}),\\ \boldsymbol{y}(t_0)=\boldsymbol{y}_0\end{cases}\tag{2}$$

其中

$$\boldsymbol{y}=\begin{bmatrix}y_1\\ y_2\\ \vdots\\ y_n\end{bmatrix},\quad \boldsymbol{y}_0=\begin{bmatrix}y_{10}\\ y_{20}\\ \vdots\\ y_{n0}\end{bmatrix},\quad \frac{\mathrm{d}\boldsymbol{y}}{\mathrm{d}t}=\begin{bmatrix}\dfrac{\mathrm{d}y_1}{\mathrm{d}t}\\ \dfrac{\mathrm{d}y_2}{\mathrm{d}t}\\ \vdots\\ \dfrac{\mathrm{d}y_n}{\mathrm{d}t}\end{bmatrix},\quad \boldsymbol{f}(t,\boldsymbol{y})=\begin{bmatrix}f_1(t,y_1,y_2,\cdots,y_n)\\ f_2(t,y_1,y_2,\cdots,y_n)\\ \vdots\\ f_n(t,y_1,y_2,\cdots,y_n)\end{bmatrix}.$$

理论上可证明在适当条件下，初值问题(2)存在唯一解，但其解的解析表达式往往不存在，或很难给出，这时只能通过数值解法来解决问题. 而 MATLAB 为解决初值问题(2)的数值解提供了配套齐全、使用方便的程序指令. 这里我们主要介绍解算子 ode45 与 ode23 的使用.

3. 使用说明

解算子 ode45 与 ode23 的调用格式基本相同，常用的调用格式如下：

```
[t,y]=ode45('f',tspan,y0)
[t,y]=ode23('f',tspan,y0)
```

参数说明：

(1) ‘f’是以字符串形式输入函数 M 文件的函数名，该函数 M 文件是用来定义微分方程 $y'=f(t,y)$的. 例如，用函数 M 文件 function dy＝fun(t,y)来定义微分方程，则这里的‘f’就是‘fun’.

(2) tspan=[t0,tf]表示运算的起止时刻,或使用格式 tspan=[t0,t1,…,tf]得到在固定节点序列(单调增或单调减)处的数值解,也可以用 tspan=[t0:h:tf] 表示以 h 为步长从 t0 到 tf 的节点序列处的数值解.

(3) y0 为列向量,是 t0 时的初始条件.

(4) t,y 是两个输出参数,其中 t 是列向量,记录的是从 t0 到 tf 的时间序列的数值;y 是矩阵,其列数为微分方程组的个数,行数与 t 相同,第 i 列记录的是$y_i(t)$的数值解.

ode23 与 ode45 的使用完全一样,二者的区别是,ode45 的精度高、效率低,ode23 的精度低但效率高.这两个解算子主要是针对非刚性系统,并采用单步法,还有针对刚性系统和多步法的其他解算子,这里我们不再说明,感兴趣的读者可参阅相关 MATLAB 的使用手册.

例 1 求初值问题

$$\begin{cases}\dfrac{dy}{dt}=-y+t^2+1, & t\in[0,1],\\ y(0)=1\end{cases}$$

的数值解.取步长 $h=0.2$,分别用 ode45 与 ode23 计算,并与精确解

$$y=-2e^{-t}+t^2-2t+3$$

相比较.

MATLAB 的程序如下:

```
function dy=fun51(t,y)       %函数 M 文件,定义微分方程 y'=-y+t^2+1
dy=-y+t^2+1;
function y=fun512(t)
y=-2*exp(-t)+t.^2-2*t+3;
```

在 MATLAB 的命令窗口执行如下程序:

```
>>[t,y]=ode45('fun51',[0:0.2:1],1);
>>num1=[t,y]
```

程序运行的结果如下:

```
num1=
                 0   1.000000000000000
   0.200000000000000   1.002538493889474
   0.400000000000000   1.019359908206461
   0.600000000000000   1.062376728439614
   0.800000000000000   1.141342072810498
   1.000000000000000   1.264241119150766
```

或者在 MATLAB 的命令窗口执行如下程序：

```
>>[t,y]=ode23('fun51',[0:0.2:1],1);
>>num2=[t,y]
```

程序运行的结果如下：

```
num2=
                   0   1.000000000000000
   0.200000000000000   1.002537404166667
   0.400000000000000   1.019355246234497
   0.600000000000000   1.062366947530019
   0.800000000000000   1.141326304404017
   1.000000000000000   1.264218977788402
```

而对应节点处的精确解为

```
>>t=0:0.2:1;
>>accu=fun512(t')
accu=
   1.000000000000000
   1.002538493844036
   1.019359907928721
   1.062376727811947
   1.141342071765557
   1.264241117657115
```

例 2　求初值问题

$$\begin{cases} \dfrac{dy_1}{dt}=1-\dfrac{1}{y_2}, \\ \dfrac{dy_2}{dt}=\dfrac{1}{y_1-t}, \end{cases} \quad y_1(0)=-1, y_2(0)=1, t\in[0,5]$$

的数值解.

MATLAB 的程序如下：

```
function dy=fun52(t,y)
dy=zeros(2,1);
dy(1)=1-1/y(2);
dy(2)=1/(y(1)-t);
```

在 MATLAB 的命令窗口执行如下程序：

```
>>[t,y]=ode45('fun52',[0,5],[-1;1]);
```

```
>>num3=[t,y]
```

程序运行的结果如下(只显示其在部分节点处的数值解)：

```
num3=
        0     -1.0000    1.0000
   0.0502     -1.0013    0.9510
   0.1005     -1.0052    0.9044
   0.1507     -1.0120    0.8601
   0.2010     -1.0216    0.8180
   0.3260     -1.0595    0.7218
   0.4510     -1.1189    0.6370
   0.5760     -1.2028    0.5622
  ..............................................
   4.5760    -92.6037    0.0103
   4.7010   -105.4205    0.0091
   4.7757   -113.9015    0.0084
   4.8505   -123.0470    0.0078
   4.9252   -132.9084    0.0072
   5.0000   -143.5417    0.0067
```

例 3 考虑著名的 Lorenz 方程

$$\begin{cases} \dfrac{\mathrm{d}x}{\mathrm{d}t}=-\sigma x+\sigma y, \\ \dfrac{\mathrm{d}y}{\mathrm{d}t}=\alpha x-y-xz, \\ \dfrac{\mathrm{d}z}{\mathrm{d}t}=xy-\beta z, \end{cases}$$

其中参数 α,β,σ 取适当的值会使系统趋于混沌状态. 现取 $\alpha=28,\beta=\dfrac{8}{3},\sigma=10$，利用 ode45 求其数值解.

MATLAB 的程序如下：

```
function dy=fun53(t,y)
dy=zeros(3,1);
dy(1)=-10*y(1)+10*y(2);
dy(2)=28*y(1)-y(2)-y(1)*y(3);
dy(3)=y(1)*y(2)-(8/3)*y(3);
```

在 MATLAB 的命令窗口执行如下程序：

```
>>[t,y]=ode45('fun53',[0,50],[0;1;2]);
>>num4=[t,y]
```

程序运行的结果如下(只显示其在部分节点处的数值解):

```
num4=
         0         0    1.0000    2.0000
    0.0000    0.0001    1.0000    2.0000
    0.0000    0.0001    1.0000    1.9999
    0.0000    0.0002    1.0000    1.9999
    0.0000    0.0002    1.0000    1.9999
    0.0000    0.0005    1.0000    1.9998
    0.0001    0.0007    0.9999    1.9996
    0.0001    0.0010    0.9999    1.9995
    0.0001    0.0012    0.9999    1.9994
    0.0002    0.0025    0.9998    1.9987
    0.0004    0.0037    0.9996    1.9980
    0.0005    0.0050    0.9995    1.9974
    0.0006    0.0062    0.9994    1.9967
    0.0013    0.0124    0.9990    1.9933
  ……………………………………………………………
   49.8702   12.5482   11.1980   33.7080
   49.8880   12.2002    9.6670   34.3950
   49.9058   11.6565    8.1144   34.6491
   49.9236   10.9540    6.6526   34.4939
   49.9414   10.1404    5.3659   33.9916
   49.9561    9.4260    4.4769   33.3801
   49.9707    8.6993    3.7501   32.6356
   49.9854    7.9841    3.1837   31.7987
   50.0000    7.2996    2.7654   30.9051
```

三、练习

对下列微分方程的初值问题在 MATLAB 中求出数值解:

(1) $\begin{cases}\dfrac{\mathrm{d}y}{\mathrm{d}x}=y-\dfrac{2x}{y}, x\in[0,1],\\ y(0)=1,\end{cases}$ 取步长 $h=0.1$,分别用 ode45 与 ode23 计算,并

与精确解 $y=\sqrt{1+2x}$ 相比较；

(2) $\begin{cases}\dfrac{\mathrm{d}y}{\mathrm{d}x}=x^2-y^2, \\ y(-1)=0,\end{cases}$ $x\in[-1,0],h=0.1$；

(3) $\begin{cases}\dfrac{\mathrm{d}y_1}{\mathrm{d}t}=y_2, \\ \dfrac{\mathrm{d}y_2}{\mathrm{d}t}=y_1^2+y_2, \\ y_1(0)=2,y_2(0)=1,\end{cases}$ $t\in[0,2]$；

(4) $\begin{cases}\dfrac{\mathrm{d}y_1}{\mathrm{d}t}=2y_1-2y_2-4y_3, \\ \dfrac{\mathrm{d}y_2}{\mathrm{d}t}=2y_1-3y_2-4y_3, \\ \dfrac{\mathrm{d}y_3}{\mathrm{d}t}=4y_1-2y_2-6y_3, \\ y_1(0)=y_2(0)=y_3(0)=1,\end{cases}$ $t\in[0,1]$.

实验六　画图(平面与空间图形)

一、实验目的

了解并掌握 MATLAB 中基本的二维图形和三维图形命令,熟悉这些指令的调用格式.

二、实验内容

1. 基本命令

plot(x,y):画出向量 y 对向量 x 的图形. 这里以 x 的元素为横坐标,y 的元素为纵坐标.

plot(y):画出向量 y 对其下标的图形,即点列(j,y_j)的图形.

plot(A):画出矩阵 A 的列相对于行号的图形,即将 plot(y)的方式施加于 A 的每一列.

plot(x,A):绘制矩阵 A 对向量 x 的图形. 对 $m\times n$ 阶的矩阵 A 和 m 维的向量 x,画出 A 的列对向量 x 的图形;如果 x 为 n 维的,则画出 A 的行向量对 x 的图形.

向量 x 可以是列向量也可以是行向量.

plot(A,x):绘制向量 x 对矩阵 A 的图形. 对 $m \times n$ 阶的矩阵 A 和 m 维的向量 x,画出向量 x 对 A 的列的图形;如果 x 为 n 维的,则画出 x 对 A 的行向量的图形. 向量 x 可以是列向量也可以是行向量.

plot(x1,y1,x2,y2,...,xn,yn):把 y1 对 x1,y2 对 x2,…等多条曲线绘制在一个图形上,此时,MATLAB 自动为每条曲线选择颜色和线型.

plot(x,y,'s'):使用字符串 s 指定的颜色和线型进行画图.

plot(x1,y1,'s1',x2,y2,'s2',...):用字符串 s1 指定的颜色和线型绘制 y1 对 x1 的图形,用字符串 s2 指定的颜色和线型绘制 y2 对 x2 的图形,….

plot3(x,y,z):用(xi,yi,zi)所定义的点绘制图形. 这里,x,y 和 z 为维数相同的向量.

plot3(X,Y,Z):对矩阵 X,Y 和 Z 的每一列绘制图形. 这些矩阵的阶数相同,或者是长度与矩阵列向量长度相等的向量.

plot3(x,y,z,'s'):使用字符串 s 指定的颜色和线型进行画图.

plot3(x1,y1,z1,'s1',x2,y2,z2,'s2',...):用字符串 s1 指定的颜色和线型对 x1,y1,z1 绘图,用字符串 s2 指定的颜色和线型对 x2,y2,z2 绘图,….

2. 二维图形

plot 命令是最常用的绘制二维数据图形的命令.

例 1　对实验五中例 1 所示初值问题,在 MATLAB 命令窗口执行如下程序:

```
>>[t,y]= ode45('fun51',[0:0.1:1],1);
>>plot(y);
```

程序运行的结果如图 2.4 所示.

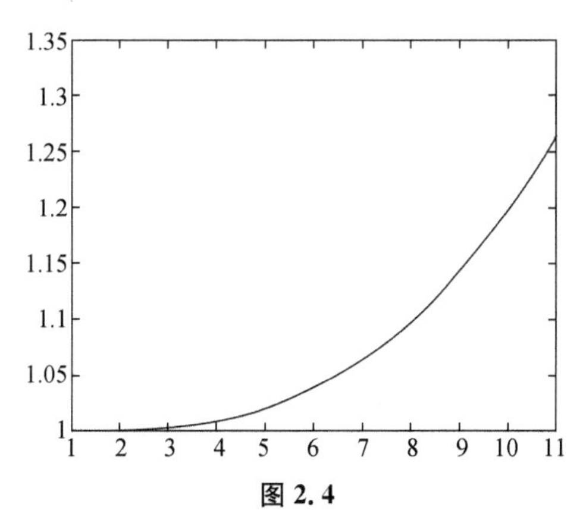

图 2.4

如果执行:

```
>>plot(t,y);
```

程序运行的结果如图 2.5 所示.

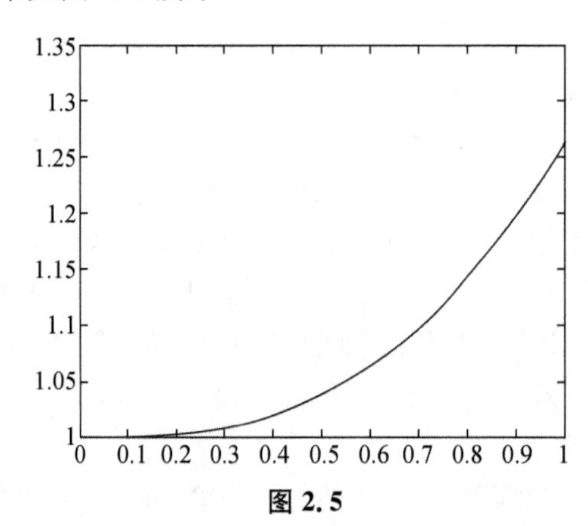

图 2.5

例 2 对图形加标注和网格.

在 MATLAB 中,可以在图形窗口中输出文本进行标注的常用命令如下所示:

title('s'):在图形窗口顶端的中间位置输出字符串 s 作为标注.

xlabel('s'):在 x 轴下面的中间位置输出字符串 s 作为标注.

ylabel('s'):在 y 轴边上的中间位置输出字符串 s 作为标注.

text(x, y,'s'):在图形的(x,y)坐标处输出字符串 s.

gtext('s'):通过使用鼠标或方向键移动图形窗口中的十字光标,让用户将字符串 s 放置在图形窗口中.当十字光标走到所期望的位置时,用户按下任意键或鼠标上的任意按钮,字符串将会放置在图形中.

legend('s1','s2',...):在当前图形上加图例,并用字符串 s1,s2 等作为标注.

grid on:给当前图形加上网格.

grid off:取消网格.

grid:在 on 和 off 间交替转换.

同例 1 的初值问题,在 MATLAB 的命令窗口执行如下程序:

```
>>[t,y]=ode45('fun51',[0:0.1:1],1);
>>plot(t,y);
>>grid;
>>xlabel('t');
>>ylabel('y');
>>title('numerical solution');
```

程序运行的结果如图 2.6 所示.

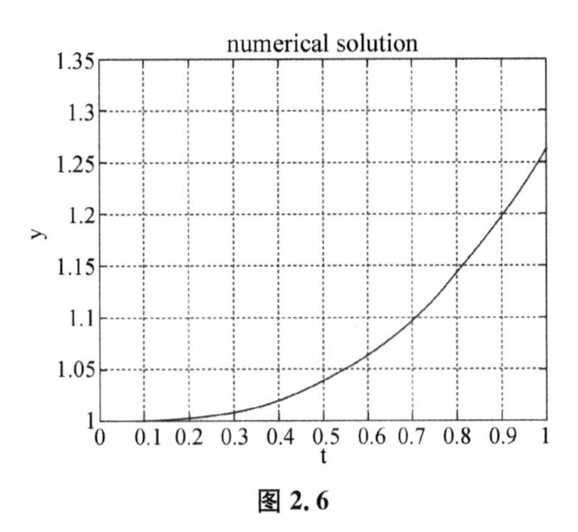

图 2.6

例 3　对实验五中例 2 所示初值问题，在 MATLAB 命令窗口执行如下程序：

```
>>[t,y]=ode45('fun52',[0,5],[-1;1]);
>>plot(t,y(:,1),t,y(:,2));
>>xlabel('t');
>>ylabel('y_{1}(t),y_{2}(t)');
>>gtext('y_{1}(t)');
>>gtext('y_{2}(t)');
```

程序运行的结果如图 2.7 所示.

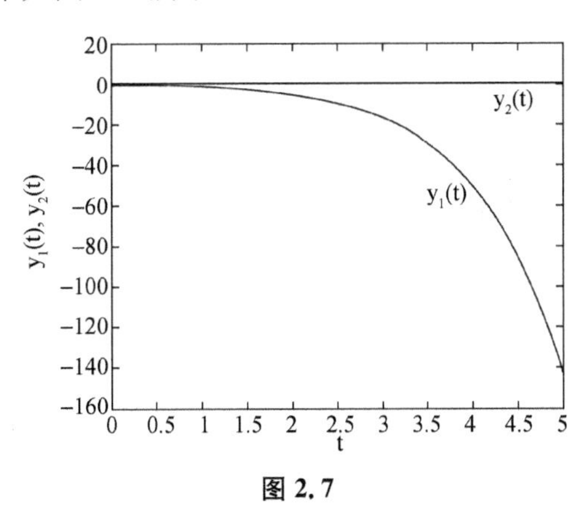

图 2.7

或者在 MATLAB 的命令窗口执行如下程序(结果也如同图 2.7 所示)：

```
>>[t,y]=ode45('fun52',[0,5],[-1;1]);
>>plot(t,y);
>>xlabel('t');
>>ylabel('y_{1}(t),y_{2}(t)');
```

```
>>gtext('y_{1}(t)');
>>gtext('y_{2}(t)');
```

例 4 图形的线型和颜色.

在 MATLAB 中,绘制图形可以使用不同的线型和颜色(线条的缺省类型是实线型).下面的表 2.1 列出了常用的线型和颜色:

表 2.1 MATLAB 中常用线型和颜色

符号	颜色	符号	线型
y	黄色	.	点
m	紫红	o	圆圈
c	青色	x	x 形式
r	红色	+	加号
g	绿色	*	星号
b	蓝色	-	实线
w	白色	:	点线
k	黑色	-.	点画线
		--	虚线

同例 1 的初值问题,在 MATLAB 的命令窗口执行如下程序:

```
>>[t,y]=ode45('fun51',[0:0.1:1],1);      %数值解
>>accu=fun512(t);      %精确解
>>plot(t,y,'r*',t,accu);      %或 plot(t,y,'r*',t,accu,'b-');
>>xlabel('t');
>>ylabel('y');
>>legend('数值解','精确解');
```

程序运行的结果如图 2.8 所示(实际显示 * 号为红色,线条为蓝色).

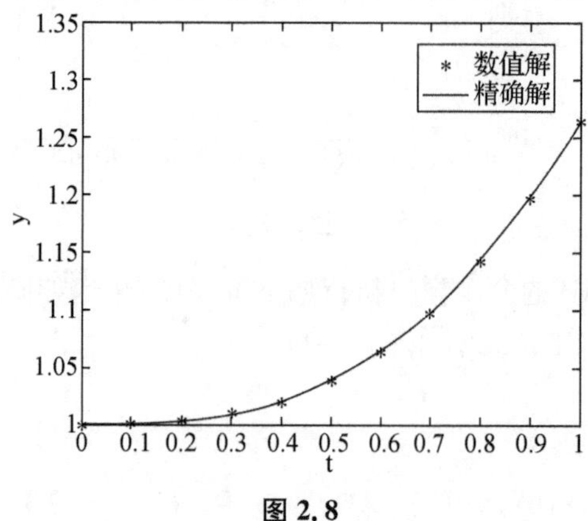

图 2.8

例 5　图形坐标轴的缩放和图形保持.

(1) 在 MATLAB 中,可用 axis 命令来对图形的坐标轴进行控制. 常用的 axis 命令如下:

axis([xmin xmax ymin ymax]):对当前图形,用行向量中给出的值设置 x 轴与 y 轴的坐标最大和最小值.

v=axis:将当前图形坐标轴的界限返回到行向量 v.

axis(axis):固定当前的坐标轴限制. 这样,如执行 hold 命令,其后的图形都用同样的界限.

axis('auto'):返回坐标轴的缺省值,如 xmin=min(x),xmax=max(x)等等.

axis('equal'):将当前坐标系的 x 轴与 y 轴设成刻度一致.

axis('square'):将当前坐标系设成方形.

axis('normal'):关闭 axis('equal')和 axis('square'),除去任何对刻度单位的限制.

axis('off'):不显示坐标轴刻度.

axis('on'):显示坐标轴刻度.

(2) 在 MATLAB 中,可用 hold 命令来保持图形. 常用的 hold 命令如下:

hold on:保持当前图形,对于接下来的新 plot 命令,使用原有的坐标尺度,并且在保持原有图形不变的基础上叠加上新的图形. 如果新数据不符合当前坐标轴的界限,就会自动调整坐标轴标尺.

hold off:释放当前图形窗口,这样下一个图形将是当前图形(也就是返回缺省形式).

hold:在 hold on 和 hold off 之间进行切换.

同例 3 的初值问题,在 MATLAB 的命令窗口执行如下程序:

```
>>[t,y]=ode45('fun52',[0,5],[-1;1]);
>>plot(t,y(:,1));
>>hold on;
>>plot(t,y(:,2));
>>hold off;
>>axis([0 5 -10 2]);
>>xlabel('t');
>>ylabel('y_{1}(t),y_{2}(t)');
>>gtext('y_{1}(t)');
>>gtext('y_{2}(t)');
```

程序运行的结果如图 2.9 所示.

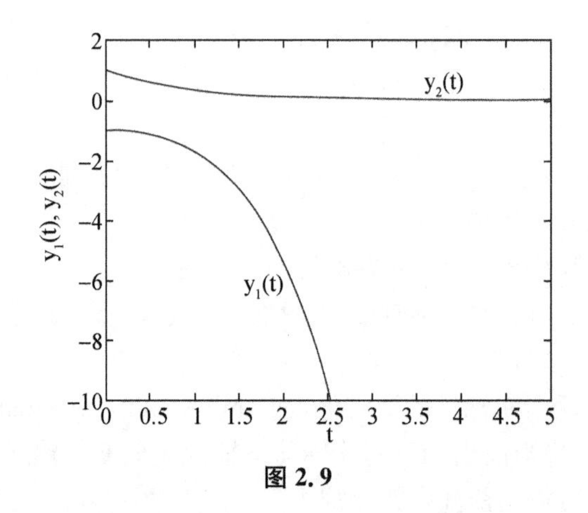

图 2.9

例 6　多图形窗口和子图.

(1) 在 MATLAB 中,可用 figure 命令来创建多图形窗口. 常用的 figure 命令如下:

figure:创建一个新的图形窗口,并且返回一个完整的图形操作句柄. 句柄即是识别该图形窗口的号码,图形句柄显示在图形窗口的标题条中.

figure(h):使第 h 个图形成为当前图形,为随后的画图命令准备. 这里的 h 即是图形句柄. 如果图形 h 不存在,并且 h 是一个整数,则使用句柄 h 创建一个新的图形窗口.

(2) 在 MATLAB 中,可用 subplot 命令在同一个图形窗口中绘制多个坐标轴的图形. 常用的 subplot 命令如下:

subplot(m,n,p):把当前图形窗口分割成 m×n 个子窗口,并选择第 p 个子窗口为当前窗口. 子窗口的序号按行由左至右再由上至下进行编号,即沿第一行从左至右编号,接着沿第二行从左至右编号,以此类推.

subplot(mnp):同 subplot(m,n,p).

subplot:设置图形窗口为单窗口的缺省模式,等价于 subplot(1,1,1).

对实验五中例 3 所示 Lorenz 方程,在 MATLAB 的命令窗口执行如下程序:

```
>>[t,y]=ode45('fun53',[0,50],[0;1;2]);
>>figure;      %创建一个新的图形窗口并返回图形句柄 1
>>plot(t,y(:,1));
>>xlabel('t');
>>ylabel('x(t)');
>>figure;
>>plot(t,y(:,2));
```

```
>>xlabel('t');
>>ylabel('y(t)');
>>figure;
>>plot(t,y(:,3));
>>xlabel('t');
>>ylabel('z(t)');
```

或者在 MATLAB 的命令窗口执行如下程序：

```
>>[t,y]=ode45('fun53',[0,50],[0;1;2]);
>>figure(1);      %创建一个新的图形窗口并返回图形句柄 1
>>plot(t,y(:,1));
>>xlabel('t');
>>ylabel('x(t)');
>>figure(2);
>>plot(t,y(:,2));
>>xlabel('t');
>>ylabel('y(t)');
>>figure(3);
>>plot(t,y(:,3));
>>xlabel('t');
>>ylabel('z(t)');
```

程序运行的结果如图 2.10、图 2.11 和图 2.12 所示.

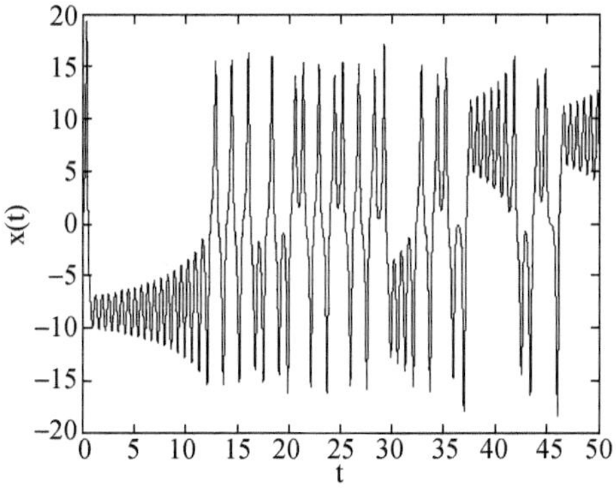

图 2.10

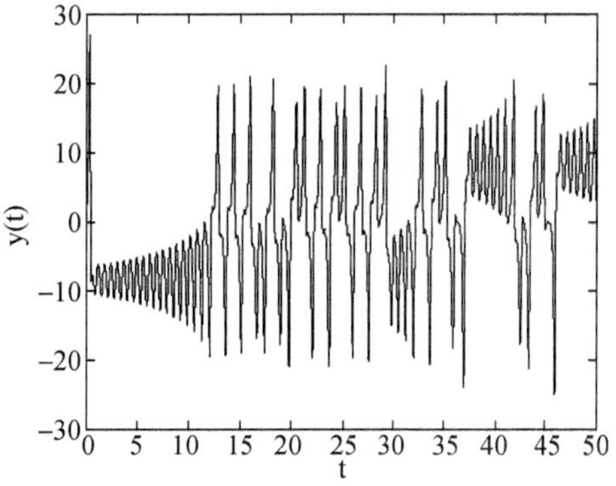

图 2.11

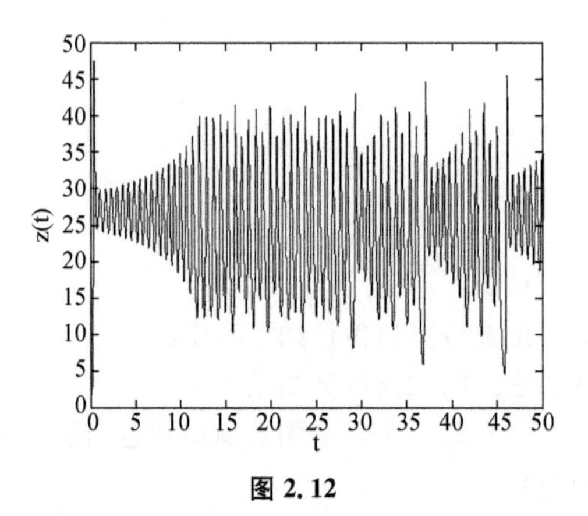

图 2.12

上面的三幅图可以放在一个子图中，下面我们用子图进行展示，并给出 Lorenz 方程中 y 随 x 变化的曲线、z 随 x 变化的曲线及 z 随 y 变化的曲线.

MATLAB 的程序如下：

```
%exam66 主程序文件
clc
clear
close all
[t,y]=ode45('fun53',[0,50],[0;1;2]);
subplot(3,2,1);
plot(t,y(:,1));
xlabel('t');
ylabel('x(t)');
subplot(3,2,2);
plot(t,y(:,2));
xlabel('t');
ylabel('y(t)');
subplot(3,2,3);
plot(t,y(:,3));
xlabel('t');
ylabel('z(t)');
subplot(3,2,4);
plot(y(:,1),y(:,2));
xlabel('x(t)');
```

```
ylabel('y(t)');
subplot(3,2,5);
plot(y(:,1),y(:,3));
xlabel('x(t)');
ylabel('z(t)');
subplot(3,2,6);
plot(y(:,2),y(:,3));
xlabel('y(t)');
ylabel('z(t)');
```

在 MATLAB 的命令窗口执行如下程序：

```
>>exam66
```

程序运行的结果如图 2.13 所示.

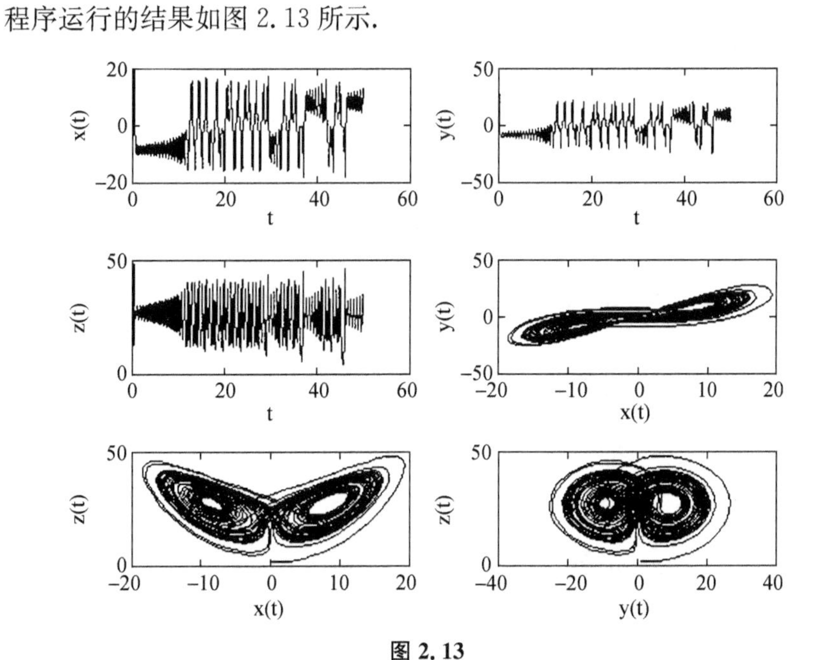

图 2.13

上面程序中，plot 命令是绘制 x-y 坐标图. 除此之外，MATLAB 中还有 loglog 命令绘制全对数坐标图，semilogx 和 semilogy 命令绘制半对数坐标图，polar 命令绘制极坐标图. 感兴趣的读者可参阅相关 MATLAB 的使用手册，这里不再说明.

3. 三维图形

plot3 命令是最常用的绘制三维数据图形的命令，该命令将 plot 的特性扩展到三维空间. 与 plot 类似，使用 plot3 命令绘制的图形，其线型和颜色可以用一个字符串来确定(参见表 2.1).

例 7 对实验五中例 3 所示 Lorenz 方程，编写如下 MATLAB 程序：

```
%exam67 主程序文件
clc
clear
close all
[t,y]=ode45('fun53',[0,50],[0;1;2]);
plot3(y(:,1),y(:,2),y(:,3));
xlabel('x(t)');
ylabel('y(t)');
zlabel('z(t)');
```

在 MATLAB 的命令窗口执行如下程序：

```
>>exam67
```

程序运行的结果如图 2.14 所示.

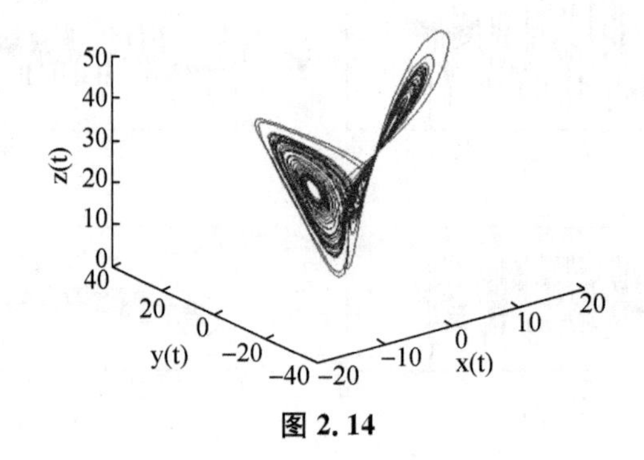

图 2.14

三、练习

1. 画出下列函数的图形，并在图形窗口中进行文本标注.

(1) $y=\sin x^2$；　　(2) $y=\sin\frac{1}{x}$；

(3) $y=x\sin x$；　　(4) $y=xe^{-x^2}$.

2. 在同一个图形窗口中使用不同的线型和颜色绘制下列函数的图形：

(1) $y=e^{-x^2}$；　　(2) $y=x^2e^{-x^2}$；

(3) $y=xe^{-x^2}$；　　(4) $y=e^{-x}$.

3. 用子图的形式把下列函数绘制在一个子图中：

(1) $y=x\sin x$；　　(2) $y=(x\sin x)'=\sin x+x\cos x$；

(3) $y=x\cos x$；　　(4) $y=(x\cos x)'$.

4. 在MATLAB中执行下列命令，并观察plot3命令所作图形.

(1)
```
clc
clear
close all
[x,y]=meshgrid(-10:0.2:10);
z=(x.^2-2*y.^2)*0.5+eps;
plot3(x,y,z);
axis([-10 10 -10 10 -100 100]);
xlabel('x');
ylabel('y');
zlabel('z');
```

(2)
```
clc
clear
close all
xx=-10:0.2:10;
[x,y]=meshgrid(xx);
r=sqrt(x.^2+y.^2)+eps;
z=sin(r)./r;
plot3(x,y,z);
xlabel('x');
ylabel('y');
zlabel('z');
```

实验七　数字图像处理基础

一、实验目的

了解并掌握MATLAB中常用的图像类型、基本的图像处理函数和图像类型转换等内容.

二、实验内容

1. 基本命令

imfinfo('filename','fmt')或 imfinfo('filename.fmt'):查询文件名用字符串 filename 表示、扩展名用字符串 fmt 表示的图像文件的有关信息;

I=imread('filename','fmt')或 I=imread('filename.fmt'):将文件名用字符串 filename 表示、扩展名用字符串 fmt 表示的图像文件中的数据读到矩阵 I 中;

imwrite(I,'filename','fmt')或 imwrite(I,'filename.fmt'):将图像数据矩阵 I 以 fmt 格式储存到文件 filename 中;

Image 和 imshow:显示图像.

2. 常用数字图像的文件格式与类型

在实际应用中,MATLAB 支持以下的常用图像文件格式:

(1) BMP (Windows Bitmap)格式:Windows 系统中的标准图像文件格式,是非压缩图像,因此 BMP 所占的空间比较大.

(2) JPEG (Joint Photographic Experts Group)格式:一种由联合照片专家组开发的图像压缩格式,其扩展名为".jpg"或".jpeg".JPEG 用有损压缩方式去除冗余的图像和彩色数据,进而获取用最少的磁盘空间得到较好的图像质量.

(3) TIFF (Tag Image File Format)格式:有压缩和非压缩两种形式,其中压缩形式采用 LZW 无损压缩方式存储.

(4) PNG (Portable Network Graphics)格式:用无损压缩方式来处理图像,能保留所有图像品质相关的信息,且显示速度快.

另外,还有 GIF(Graphics Interchange Format),HDF(Hierarchical Data Format),PCX(Windows Paintbrush)等格式.

MATLAB 有五种基本的图像类型:

(1) 二值图像:也称为二进制图像,即图像中每个像素的亮度值只能取 0 或 1 的图像,通常 0 表示黑色,1 表示白色.

(2) 灰度图像:也称为单色图像,图像中每个像素可以由 0(黑)到 255(白)的亮度值表示.1~254 表示不同的灰度级,显示了黑色与白色之间不同的深浅灰色,比人眼所能识别的颜色深度范围要宽得多.

(3) RGB 图像:也称为真彩色图像,分别用红、绿、蓝三个亮度值为一组,代表每个像素的颜色.在 MATLAB 中,RGB 图像存储为一个 $M\times N\times 3$ 的多维数据矩阵,其中 M,N 分别表示图像像素的行数和列数.

(4) 索引图像:是一种把像素值直接作为 RGB 调色板下标的图像.在 MAT-

LAB中,索引图像包含一个数据矩阵和一个调色板矩阵,其中调色板矩阵是按图像中颜色值进行排序后的数据阵列,对于每个像素,数据矩阵包含一个值,而这个值就是颜色矩阵中的索引.

(5) 多帧图形:是一种包含多幅图像或帧的图像文件,主要用于需要对时间或场景相关的图像集合进行操作的场合.

3. 图像处理的基本函数

例1　图像文件的信息查询.

在MATLAB中,用函数imfinfo查询图像文件的有关信息,获取图像文件的各种属性.其调用格式如下:

```
info=imfinfo('filename','fmt')
info=imfinfo('filename.fmt')
imfinfo filename.fmt
```

其作用就是将文件名用字符串filename表示、扩展名用字符串fmt(对应于图像文件格式)表示的图像文件的信息返回给info.要求filename表示的文件名必须在MATLAB的搜索路径中,否则需指出完整的路径信息,如

```
imfinfo('D:\work\filename.fmt')
```

由imfinfo函数获得的图像信息如下所示:

(1) Filename:文件名,通常还包含该文件的完整路径.

(2) FileModDate:文件的最后修改时间.

(3) FileSize:文件大小,单位为字节.

(4) Format:文件格式.

(5) FormatVersion:文件格式的版本号.

(6) Width:图像宽度,单位为像素.

(7) Height:图像高度,单位为像素.

(8) BitDepth:每个像素的位数.

(9) ColorType:图像类型.当返回值为'truecolor',表示RGB图像;当返回值为'grayscale',表示灰度图像;当返回值为'indexed',表示索引图像.

例如在MATLAB的命令窗口执行如下程序:

```
>>info=imfinfo('DSC01059-1.jpg')
info=
         Filename:'D:\work\DSC01059-1.jpg'
      FileModDate:'04-Aug-2019 11:15:49'
         FileSize:134138
           Format:'jpg'
```

```
     FormatVersion:''
             Width:821
            Height:703
          BitDepth:24
         ColorType:'truecolor'
   FormatSignature:''
   NumberOfSamples:3
      CodingMethod:'Huffman'
     CodingProcess:'Sequential'
           Comment: {}
  ImageDescription:'                    '
              Make:'SONY'
             Model:'HDR-CX210E'
       Orientation:1
       XResolution:350
       YResolution:350
    ResolutionUnit:'Inch'
          Software:'Windows Photo Editor 10.0.10011.16384'
          DateTime:'2019:08:04 11:15:49'
  YCbCrPositioning:'Co-sited'
     DigitalCamera:[1x1 struct]
       UnknownTags:[3x1 struct]
     ExifThumbnail:[1x1 struct]
```

例 2 图像文件的读取.

在 MATLAB 中,用函数 imread 来读取图像.该函数的常用调用格式为

`I=imread('filename','fmt')` 或 `I=imread('filename.fmt')`

其作用是从文件名用字符串 filename 表示、扩展名用字符串 fmt 表示的图像文件中读取灰度图像或真彩色图像,并将图像文件中的数据读到矩阵 I 中. Filename 表示的文件名必须在 MATLAB 的搜索路径中,否则需指出其完整的路径.

```
[X,map]=imread('filename','fmt')
```

或

```
[X,map]=imread('filename.fmt')
```

表示从图像文件中读取索引图像,其中 X 为存储图像数据的矩阵,map 为该图像的调色板,其值自动被调整为[0,1]的范围.

在 MATLAB 的命令窗口执行如下程序：

```
>>[X,map]=imread('trees.tif')      %trees.tif 为 MATLAB 自带的索引图像
```

程序运行的结果如图 2.15 和图 2.16 所示.

图 2.15

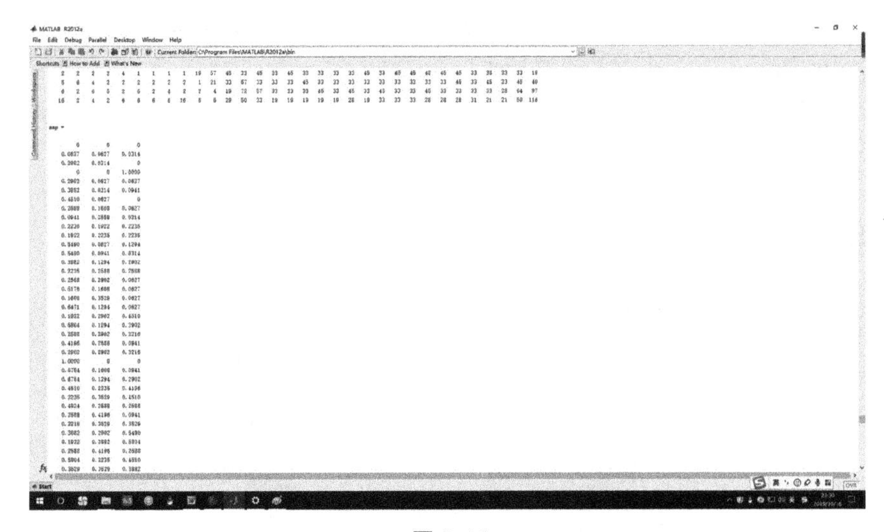

图 2.16

例 3　图像文件的保存.

在 MATLAB 中,用函数 imwrite 来完成图像文件的输出和保存. 该函数的常用调用格式为

```
imwrite(I,'filename','fmt')
```
或
```
imwrite(I,'filename.fmt')
```
其作用是把图像数据 I 保存到文件名为 filename、格式为 fmt 的图像文件中.

```
imwrite(X,map,'filename','fmt')
```

或

```
imwrite(X,map,'filename.fmt')
```

是将索引图像以及与之相关的调色板 map 保存到文件名为 filename、格式为 fmt 的图像文件中.

在 MATLAB 的命令窗口执行如下程序:

```
>>I=imread('DSC01059-1.jpg');
>>imwrite(I,'D:\work\exam73.tif');
```

程序运行后,在路径 D:\work 下保存了指定的 exam73.tif 图像文件.

例 4 图像文件的显示.

在 MATLAB 中,函数 image,imagesc,imshow,imview,subimage 是显示图像的主要手段.这里我们主要介绍 image,imshow,subimage 的使用,关于 imagesc 和 imview 的使用可参阅相关 MATLAB 的使用手册,这里不再说明.

(1) 函数 image 将矩阵中每一个元素解释为图像色图中的一个指标或直接作为 RGB 值而生成一个图像对象. image 的常用调用格式如下:

image(C):将矩阵 C 作为一个图像显示,C 中的每一个元素都被指定一种颜色;

image(x,y,C):x,y 表示图像显示位置的左上角坐标.

在 MATLAB 的命令窗口分别执行如下程序:

```
>>A=imread('DSC01059-1.jpg');
>>image(100,100,A);
```

程序运行的结果如图 2.17 所示.

图 2.17

```
>>[X,map]=imread('trees.tif');
>>image(X);
>>colormap(map);      %设定当前颜色表为 map
```

程序运行的结果如图 2.18 所示.

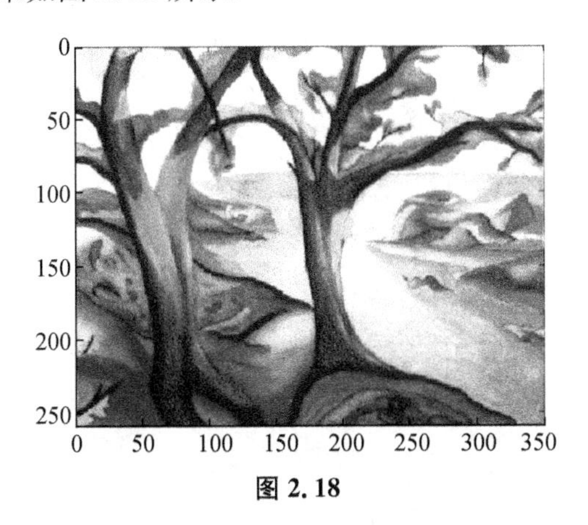

图 2.18

```
>>I=imread('tire.tif');       %tire.tif 为 MATLAB 自带的灰度图像
>>image(I);
>>colormap(gray(256));       %使用 256 个等级的灰度色图
```

程序运行的结果如图 2.19 所示.

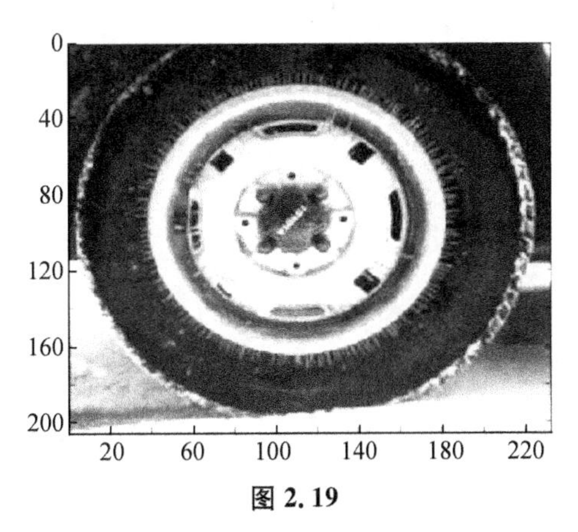

图 2.19

(2) 函数 imshow 可用于显示各类图像. imshow 的常用调用格式如下:

imshow('filename. fmt')或 imshow filename. fmt:显示文件名为 filename 的图像文件.

imshow(I):显示灰度图像或真彩色图像(RGB)或二进制图像. 其中,I 为灰度图像矩阵或 RGB 图像矩阵或黑白二值图像矩阵.

imshow(I,n):显示灰度图像.其中,I为灰度图像的数据矩阵;n为灰度级数目,默认值为256.

imshow(I,[low high]):显示灰度图像.其中,[low high]为灰度范围,当图像的像素值小于等于low值时显示为黑色,当图像的像素值大于等于high值时显示为白色.如果[low high]为空[],则等价于imshow(I,[min(I(:)) max(I(:))]),这里min(I(:))和max(I(:))分别表示I的最小值和最大值.

imshow(X,map):显示索引图像.其中,X为索引图像矩阵,map为颜色表.

在MATLAB的命令窗口执行如下程序:

```
>>[X,map]=imread('canoe.tif');     %canoe.tif为MATLAB自带的索引图像
>>imshow(X,map);     %显示索引图像
```

程序运行的结果如图2.20所示.

图2.20

也可以在显示图像之前不装载图像,直接用以下格式进行图像文件的显示:

```
>>imshow canoe.tif
```

同样可得图2.20.

在MATLAB的命令窗口执行如下程序:

```
>>A=imread('DSC01063.jpg');     %读取RGB图像
>>imshow(A);     %显示RGB图像
```

程序运行的结果如图2.21所示.

图2.21

显示灰度图像的 MATLAB 程序如下：

```
%exam74 主程序文件
clc
clear
close all
I=imread('cameraman.tif');     %cameraman.tif 为 MATLAB 自带的灰度
                                图像
subplot(1,2,1);
imshow(I);     %显示灰度图像
title('imshow(I)');
subplot(1,2,2);
imshow(I,[0 80]);
title('imshow(I,[0 80])');
```

在 MATLAB 的命令窗口执行如下程序：

```
>>exam74
```

程序运行的结果如图 2.22 所示.

imshow(I)

imshow(I,[0 80])

图 2.22

在 MATLAB 的命令窗口执行如下程序：

```
>>B=imread('circles.png');     %读取 MATLAB 自带的二值图像
>>imshow(B);     %显示二值图像
```

程序运行的结果如图 2.23 所示.

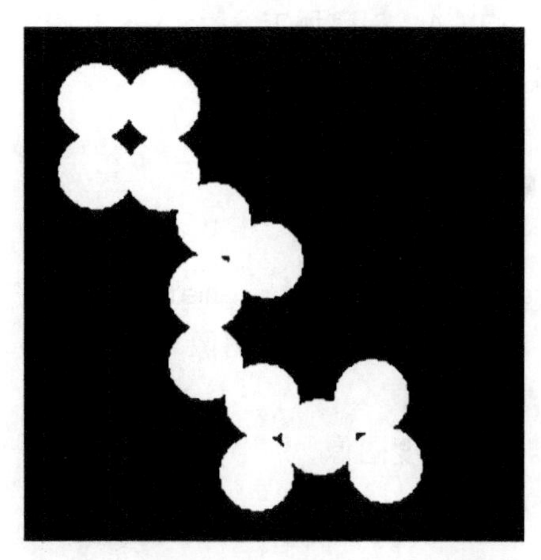

图 2.23

(3) 函数 subimage 可用于在图形窗口或窗口分区中显示各类图像. subimage 的常用调用格式如下：

subimage(I)：在图形窗口或窗口的分区中显示灰度图像或真彩色图像或二进制图像. 其中，I 为灰度图像矩阵或 RGB 图像矩阵或黑白二值图像矩阵.

subimage (X,map)：在图形窗口或窗口的分区中显示索引图像 X.

4. 图像类型的转换

在 MATLAB 中，可用 imread 读出一个图像文件，再用函数 imwrite 以适当的格式保存到另一个图像文件中，来完成将一个类型的图像文件转换成另一个类型的图像文件. 此外，MATLAB 还提供了许多函数用于图像类型的转换，下面通过例子来给出它们的用法.

例 5 将真彩色图像(RGB)转换为其他类型图像.

在 MATLAB 中，将真彩色图像进行转换的函数主要有 im2bw，rgb2gray，rgb2ind 和 dither，它们的含义和常用调用格式如下：

BW=im2bw(RGB,level)：将真彩色图像 RGB 转换为二值图像 BW. level 是归一化的阈值，取值范围为[0,1].

I=rgb2gray(RGB)：将真彩色图像 RGB 转换为灰度图像 I.

[X,map]=rgb2ind(RGB,n)：使用最小量化算法把真彩色图像 RGB 转换为索引图像 X 和新颜色表 map. 其中，参量 n 为正整数，用于指定 map 中颜色项数，且 n 最大不能超过 65536.

[X,map]=rgb2ind(RGB,tol)：使用均匀量化算法把真彩色图像 RGB 转换为索引图像 X，且颜色表 map 中最多包含 (floor(1/tol)+1)^3 种颜色，其中 tol 的

取值在 0.0 和 1.0 之间.

X=rgb2ind(RGB,map):通过把 RGB 中的颜色与颜色表 map 中最接近的颜色相匹配,将真彩色图像 RGB 转换为索引图像 X.

X=dither(RGB,map):通过抖动算法,将真彩色图像 RGB 按照指定的颜色表 map 转换为索引图像 X,且颜色表 map 不能超过 65536 种颜色.

MATLAB 的程序如下:

```
%exam75 主程序文件
clc
clear
close all
A=imread('DSC01059-1.jpg');      %读取一个真彩色图像
subplot(2,2,1);
subimage(A);
title('原始图像');
B=im2bw(A,0.5);
subplot(2,2,2);
subimage(B);
title('二值图像');
C=rgb2gray(A);
subplot(2,2,3);
subimage(C);
title('灰度图像');
[D,m]=rgb2ind(A,12);
subplot(2,2,4);
subimage(D,m);
title('索引图像');
```

在 MATLAB 的命令窗口执行如下程序:

```
>>exam75
```

程序运行的结果如图 2.24 所示(这里图像仅供参考).

图 2.24

例 6 将索引图像转换为其他类型图像.

在 MATLAB 中,将索引图像进行转换的函数主要有 im2bw,ind2gray 和 ind2rgb,它们的含义和常用调用格式如下:

BW=im2bw(X,map,level):将索引图像 X 转换为二值图像 BW. level 是归一化的阈值,取值范围为[0,1].

I=ind2gray(X,map):将索引图像 X 转换为灰度图像 I.

RGB=ind2rgb(X,map):将索引图像 X 转换为真彩色图像 RGB.

MATLAB 的程序如下:

```
%exam76 主程序文件
clc
clear
close all
[A,m]=imread('trees.tif');        %读取 MATLAB 自带的索引图像
subplot(2,2,1);
subimage(A,m);
title('原始图像');
B=im2bw(A,m,0.5);
subplot(2,2,2);
subimage(B);
```

```
title('二值图像');
C=ind2gray(A,m);
subplot(2,2,3);
subimage(C);
title('灰度图像');
D=ind2rgb(A,m);
subplot(2,2,4);
subimage(D);
title('真彩色图像');
```

在 MATLAB 的命令窗口执行如下程序：

```
>>exam76
```

程序运行的结果如图 2.25 所示(这里图像仅供参考).

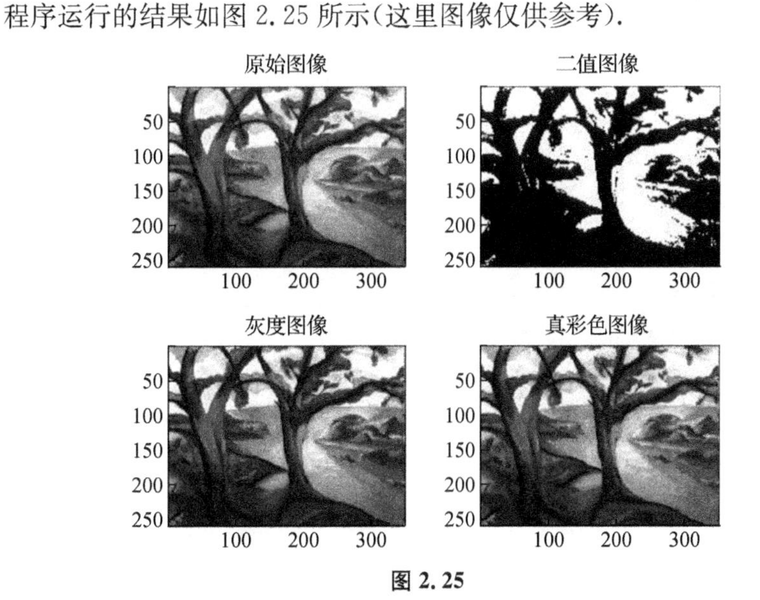

图 2.25

例 7　将灰度图像或二值图像转换为其他类型图像.

在 MATLAB 中,将灰度图像或二值图像进行转换的函数主要有 im2bw, gray2ind,grayslice 和 dither,它们的含义和常用调用格式如下：

BW=im2bw(I,level):将灰度图像 I 转换为二值图像 BW.

[X,map]=gray2ind(I,n):将灰度图像 I 按指定的灰度级 n 转换为索引图像 X. 其中,map 为颜色表 gray(n),n 的默认值为 64.

[X,map]=gray2ind(BW,n):将二值图像 BW 按指定的灰度级 n 转换为索引

图像 X. 其中,map 为颜色表 gray(n),n 的默认值为 2.

X= grayslice(I,n):使用多级阈值法将灰度图像 I 转换为伪彩色索引图像 X. 其中,图像 I 多级阈值为 1/n,2/n,…,(n−1)/n.

X= grayslice(I,v):按照指定的向量 v 对灰度图像 I 设定阈值,然后转换为索引图像 X. 其中,向量 v 中元素的取值范围为 0～1.

BW=dither(I):通过抖动算法将灰度图像 I 转换为二值图像 BW.

MATLAB 的程序如下:

```
%exam77 主程序文件
clc
clear
close all
A=imread('cameraman.tif');      %读取 MATLAB 自带的灰度图像
subplot(2,2,1);
subimage(A);
title('原始图像');
B=dither(A);
subplot(2,2,2);
subimage(B);
title('抖动后的二值图像');
[C,m]=gray2ind(A,16);
subplot(2,2,3);
subimage(C,m);
title('索引图像');
D=grayslice(A,16);
subplot(2,2,4);
map=jet(16);     %创建颜色表
subimage(D,map);
title('伪彩色索引图像');
```

在 MATLAB 的命令窗口执行如下程序:

```
>>exam77
```

程序运行的结果如图 2.26 所示(这里图像仅供参考).

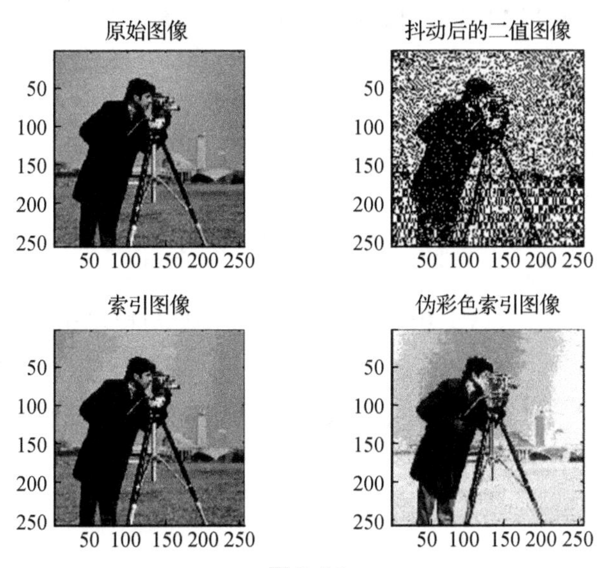

图 2.26

三、练习

1. 使用函数 imfinfo 查看下列图像的信息：

(1) forest.tif，onion.png，greens.jpg 和 snowflakes.png；

(2) 选一张个人电脑里保存的用手机或数码相机拍的照片.

2. 读取并显示第 1 题中的图像文件.

3. 将第 1 题中的真彩色图像转换成索引图像、灰度图像和二值图像.

4. 将第 1 题中的索引图像转换成真彩色图像、灰度图像和二值图像.

5. 将第 1 题中的灰度图像转换成索引图像和二值图像.

本章参考文献

[1] 张培强. MATLAB语言——演算纸式的科学工程计算语言. 合肥：中国科学技术大学出版社，1995.

[2] Hanselman D, Littlefield B. 精通 MATLAB——综合辅导与指南. 李人厚，张平安，等译. 西安：西安交通大学出版社，1998.

[3] Pärt-Enander E，Sjöberg A. MATLAB 5 手册. 王艳清，孙锋，朱群雄，等译. 北京：机械工业出版社，2000.

[4] 刘成龙. 精通 MATLAB 图像处理. 北京:清华大学出版社,2015.

[5] 丁伟雄. MATLAB R2015a 数字图像处理. 北京:清华大学出版社,2016.

[6] 刘刚,王立香,董延. MATLAB 数字图像处理. 北京:机械工业出版社,2010.

[7] 陈刚,魏晗,高毫林,等. MATLAB 在数字图像处理中的应用. 北京:清华大学出版社,2016.

[8] 杨杰,占君,周至清. MATLAB 图像函数查询使用手册. 北京:电子工业出版社,2017.

[9] 赵小川. MATLAB 图像处理——程序实现与模块化仿真. 北京:北京航空航天大学出版社,2014.

[10] 刘则毅,刘东毅,马逢时,等. 科学计算技术与 MATLAB. 北京:科学出版社,2001.

第三章　LINGO 软件实验

实验一　LINGO 软件入门

一、实验目的

LINGO 是一套专门用于求解最优化问题的软件，它为求解最优化问题提供了一个平台，主要用于求解线性规划、整数规划、二次规划、线性及非线性方程组等问题. 本实验的目的是学会根据数学模型编写简单的 LINGO 程序，并熟悉LINGO的基本语法要求.

二、实验内容

1. 理论知识

1）LINGO 工具栏功能

LINGO 工具栏相关功能说明如图 3.1 所示.

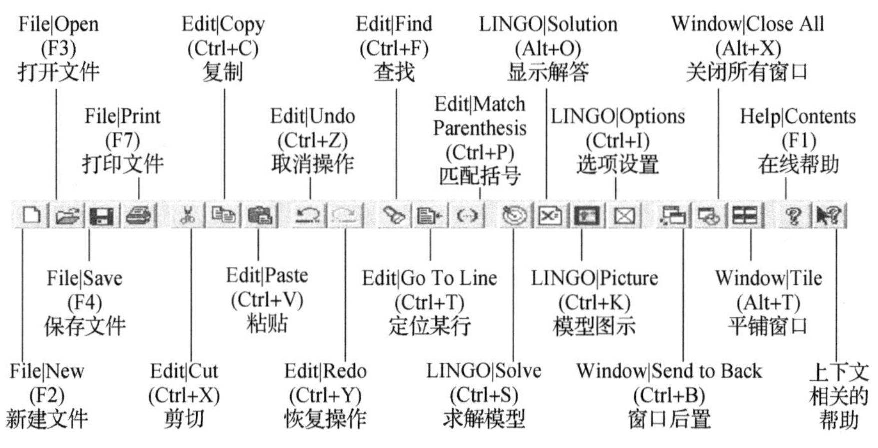

图 3.1

2) LINGO 的语法规定

(1) LINGO 的数学规划模型包含目标函数、决策变量、约束条件三个要素;

(2) 求目标函数的最大值或最小值分别用 MAX=…或 MIN=…来表示;

(3) LINGO 中不能省略乘号“ * ”以及结束符分号“;”,同时每行可以有多条语句,且语句可以跨行;

(4) 变量名称必须以字母(A~Z 或 a~z)开头,可由字母、数字(0~9)和下划线所组成,长度不超过 32 字符,且不区分大小写;

(5) 以“!”开头,以“;”号结束的语句是注释语句;

(6) LINGO 中默认所有变量非负;

(7) LINGO 中的函数以@开头;

(8) LINGO 中“>”或“<”号与“≥”或“≤”号功能相同;

(9) LINGO 模型以语句“model:”开始,以“end”结束,但对于比较简单的模型,这两条语句可以省略.

2. 用 LINGO 软件求解线性规划模型

例 1 用 LINGO 软件求解下列模型:

$$\max z=x_1+2x_2,$$

$$\text{s. t.}\begin{cases}2x_1+5x_2\geqslant 12,\\ x_1+2x_2\leqslant 8,\\ x_1,x_2\geqslant 0.\end{cases}$$

在 LINGO 软件编辑窗口输入程序如下:

```
model:
max=x1+2*x2;
2*x1+5*x2>=12;
x1+2*x2<=8;
end
```

选择菜单 Solve 按钮(或鼠标右击 solve),得出如下求解报告:

```
Global optimal solution found.
Objective value:                    8.000000
Infeasibilities:                    0.000000
Total solver iterations:                   1
Elapsed runtime seconds:                0.05

Model Class:                              LP
```

```
Total variables:              2
Nonlinear variables:          0
Integer variables:            0
Total constraints:            3
Nonlinear constraints:        0
Total nonzeros:               6
Nonlinear nonzeros:           0

Variable            Value        Reduced Cost
      X1         0.000000            0.000000
      X2         4.000000            0.000000
     Row  Slack or Surplus          Dual Price
       1         8.000000            1.000000
       2         8.000000            0.000000
       3         0.000000            1.000000
```

求解器状态如图 3.2 所示.

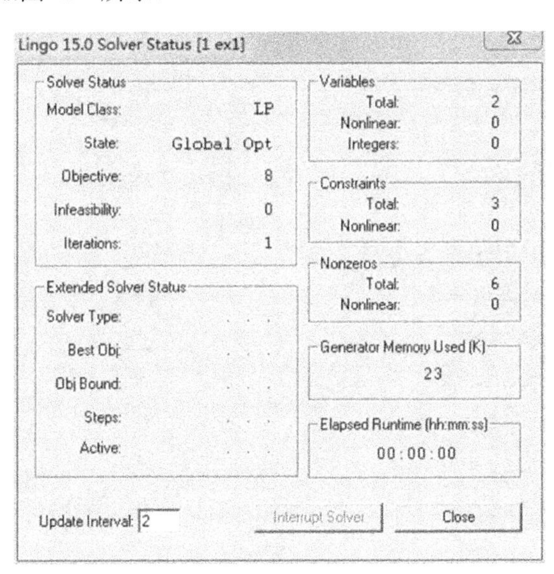

图 3.2

结果解读:这是一个线性规划问题,当 $x_1=0$,$x_2=4$ 时,得到全局最优解

$$\max z=8.$$

例 2 用 LINGO 软件求解下列模型:

$$\max f=2x_1+3x_2,$$
$$\text{s. t.}\begin{cases}x_1+2x_2\leqslant 8,\\4x_1\leqslant 16,\\4x_2\leqslant 12,\\x_1,x_2\geqslant 0.\end{cases}$$

在 LINGO 软件编辑窗口输入程序如下：

```
model:
max=2*x1+3*x2;
x1+2*x2<8;
4*x1<16;
4*x2<12;
end
```

选择菜单 Solve 按钮(或鼠标右击 solve),得出如下求解报告：

```
Global optimal solution found.
Objective value:                          14.00000
Infeasibilities:                          0.000000
Total solver iterations:                         1
Elapsed runtime seconds:                      0.03

Model Class:                                    LP

Total variables:                                 2
Nonlinear variables:                             0
Integer variables:                               0
Total constraints:                               4
Nonlinear constraints:                           0
Total nonzeros:                                  6
Nonlinear nonzeros:                              0

Variable              Value        Reduced Cost
      X1           4.000000            0.000000
      X2           2.000000            0.000000
     Row    Slack or Surplus         Dual Price
```

```
1          14.00000          1.000000
2          0.000000          1.500000
3          0.000000          0.1250000
4          4.000000          0.000000
```

求解器状态如图3.3所示.

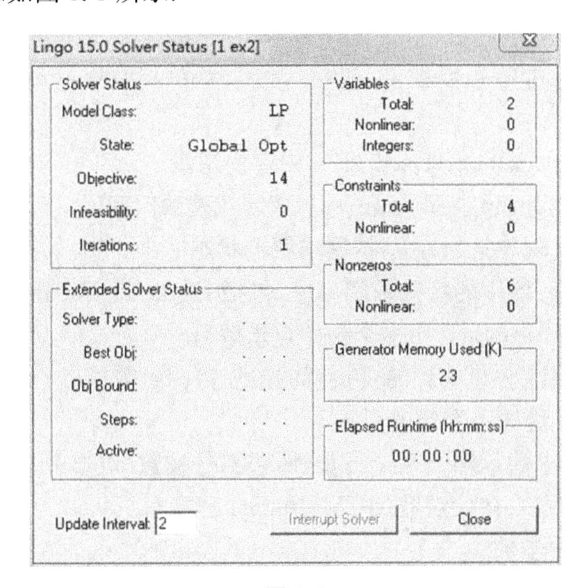

图3.3

结果解读:这是一个线性规划问题,当 $x_1=4, x_2=2$ 时,得到全局最优解

$$\max f=14.$$

3. 求解器窗口解读

求解器窗口相关栏目的含义如下所述:

(1) Solver Status:求解器状态.

①Model Class:当前模型的类型,包括LP(线性规划),QP(二次规划),NLP(非线性规划),ILP,IQP,INLP,PILP,PIQP,PINLP.其中,以I开头表示IP(整数规划),以PI开头表示PIP(纯整数规划).

②State:当前解的状态,包括Global Optimum(全局最优),Local Optimum(局部最优),Feasible(可行),Infeasible(不可行),Unbounded(无界),Interrupted(中断),Undetermined(未确定).

③Objective:解的目标函数值.

④Infeasibility:当前约束不满足的总量(不是指不满足的约束个数),其值为实数.需要注意的是,即使该值为0,当前解也可能不可行,因为这个量中没有考虑用

上下界命令形式给出的约束.

⑤Iterations:目前为止的迭代次数.

(2) Variables:变量数量,包括 Total(变量总数),Nonlinear(非线性变量数),Integers(整数变量数).

(3) Constraints:约束数量,包括 Total(约束总数)和 Nonlinear(非线性约束个数).

(4) Nonzeros:非零系数数量,包括 Total(总数)和 Nonlinear(非线性项系数个数).

(5) Generator Memory Used (K):内存使用量.

(6) Elapsed Runtime (hh:mm:ss):求解花费的时间.

(7) Extended Solver Status:扩展求解器状态.

①Solver Type:使用的特殊求解程序,包括 B - and - B (分枝定界法),Global(全局最优求解),Multistart(用多个初始点求解);

②Best Obj:目前为止找到的可行解的最佳目标函数值;

③Obj Bound:目标函数值的界;

④Steps:特殊求解程序当前运行步数,包括分枝数(对 B - and - B 程序)、子问题数(对 Global 程序)、初始点数(对 Multistart 程序);

⑤Active:有效步数.

三、练习

用 LINGO 软件求解下列模型:

(1) $\max z=72x_1+64x_2$,

$$\text{s. t.}\begin{cases} x_1+x_2<5, \\ 12x_1+8x_2<480, \\ 3x_1<100, \\ x_1,x_2\geqslant 0; \end{cases}$$

(2) $\min z=0.1x_1+0.2x_2+0.3x_3+0.8x_4$,

$$\text{s. t.}\begin{cases} x_1+2x_2+x_4=100, \\ 2x_2+2x_3+x_4=100, \\ 3x_1+x_2+2x_3+3x_4=100, \\ x_1,x_2,x_3,x_4\geqslant 0; \end{cases}$$

(3) $\max z=200x_1+300x_2$,

$$\text{s. t.}\begin{cases}x_1\leqslant 100,\\x_2\leqslant 120,\\x_1+2x_2\leqslant 160,\\x_1,x_2\geqslant 0;\end{cases}$$

(4) $\min z=13x_1+9x_2+10x_3+11x_4+12x_5+81x_6$,

$$\text{s. t.}\begin{cases}x_1+x_4=400,\\x_2+x_5=600,\\x_3+x_6=500,\\0.4x_1+1.1x_2+x_3\leqslant 800,\\0.5x_1+1.2x_2+1.3x_6\leqslant 900,\\x_1,x_2,x_3,x_4,x_5,x_6\geqslant 0;\end{cases}$$

(5) $\min z=x_1+x_2+x_3$,

$$\text{s. t.}\begin{cases}x_1+2x_2+x_3\geqslant 100,\\2x_3\geqslant 100,\\3x_1+x_2+2x_3\leqslant 200,\\x_1,x_2,x_3\geqslant 0.\end{cases}$$

实验二　LINGO模型的基本组成

一、实验目的

LINGO模型一般由三个部分组成，即集合段(SETS)、数据段(DATA)、目标函数与约束条件段，这几个部分的先后次序无特定要求．本实验要求熟悉各部分的基本编程语法，了解LINGO运算符，并会利用函数编写简单程序．

二、实验内容

1．集合定义部分(集合段)

LINGO有两种类型的集合，即原始集(Primitive Set)和派生集(Derived Set)．

(1) 原始集合：由最基本对象组成，不能再被拆分成更小的组分；

(2) 派生集合：用一个或多个其他集合来定义．

集合是LINGO模型的一个可选部分，以关键字“sets:”开始，以“endsets”结束.一个模型可以没有集合部分,也可以有一个简单的集合部分,或有多个集合部分.集合可以放置于模型的任何地方,但是该集合及其属性在模型约束中被引用之前必须先进行定义.

1) 定义原始集

原始集合的基本语法如下:"集合名称/集合成员/(可选):集合属性(可选)".

集合名字的命名规则如下:以字母为首字符,其后由字母(A~Z)、下划线、阿拉伯数字(0,1,…,9)组成的总长度不超过32个字符的字符串,且不区分大小写.该命名规则同样适用于集合成员名和属性名等的命名.

集合成员列表采用显式罗列和隐式罗列两种方式.当显式罗列成员时,必须为每个成员输入一个不同的名字,中间用空格或逗号隔开(允许混合使用);当隐式罗列成员时,不必罗列出每个集合成员,可采用如下语法:"集合名称/集合成员1..集合成员N/(可选):集合属性(可选)", LINGO将自动生成中间的所有成员名.

例1 定义一个名为students的原始集,它具有成员John,Jill,Rose和Mike,属性有sex和age.

```
sets:
students/John,Jill,Rose, Mike/:sex,age;     !显式罗列;
endsets
```

LINGO生成的集成员信息如下:

```
Variable
SEX(JOHN)
SEX(JILL)
SEX(ROSE)
SEX(MIKE)
AGE(JOHN)
AGE(JILL)
AGE(ROSE)
AGE(MIKE)
```

2) 定义派生集

集合的属性相当于以集合的元素为下标的数组.例如,"x_i"是表示属性x的一维数组,那么"x_{ij}"则是表示属性x的二维数组,它的两个下标应该来自于两个集合的元素,即两个集合派生出来的二维集合.这种表示方式与矩阵表示非常相似,因此LINGO建模语言也称为矩阵生成器.直接把元素列举出来的集合称为基本集合,基于基本集合而派生出来的二维或多维集合就称为派生集合.

派生集合的基本语法如下:"派生集合名称(基本集合1..基本集合N):派生集

合属性”.

例 2　派生集定义示例.

```
sets:
product/A B/;
machine/M N/;
week/1..3/;      !隐式罗列;
allowed(product,machine,week):x;
endsets
```

LINGO 生成的 allowed 集合成员如表 3.1 所示.

表 3.1　集合 allowed 的成员

编号	成员	编号	成员
1	X(A,M,1)	7	X(B,M,1)
2	X(A,M,2)	8	X(B,M,2)
3	X(A,M,3)	9	X(B,M,3)
4	X(A,N,1)	10	X(B,N,1)
5	X(A,N,2)	11	X(B,N,2)
6	X(A,N,3)	12	X(B,N,3)

2. 数据部分(数据段)

数据部分以“data:”开始,以“enddata”结束.这两条语句必须各自单独成一行,数据之间的逗号和空格可以相互替换.程序格式如下:“集合属性=常量值”.

例 3　数据段定义示例.

```
model:
sets:
SET1/A,B,C/:X,Y;
endsets
data:
X= 1 2 3;
Y= 4 5 6;
enddata
end
```

LINGO 运行结果如下:

```
Variable              Value
     X(A)          1.000000
     X(B)          2.000000
```

```
    X(C)          3.000000
    Y(A)          4.000000
    Y(B)          5.000000
    Y(C)          6.000000
```

SET1 中定义了两个属性 X 和 Y,其中,X 的 3 个值分别是 1,2,3,Y 的 3 个值分别是 4,5,6. 也可用下面的复合数据声明实现同样的功能:

```
model:
sets:
SET1:X,Y;
endsets
data:
SET1 X Y=
A 1 4
B 2 5
C 3 6;
enddata
end
```

LINGO 运行结果如下:

```
Variable          Value
    X(A)        1.000000
    X(B)        2.000000
    X(C)        3.000000
    Y(A)        4.000000
    Y(B)        5.000000
    Y(C)        6.000000
```

关于数据段有两点说明:

(1) 实时数据处理:在某些情况下,如果模型中的某些数据不是定值,例如会变化的费率、温度等(我们把这种情况称为实时数据处理),在本该输入数据的地方输入"?". 例如:

```
model:
sets:
SET1:X,Y;
endsets
data:
```

```
SET1=A B;
X=0.085;
Y=?;
enddata
end
```

该程序每次求解模型时，LINGO 都会提示 Y(A)输入一个值(如图 3.4 所示).

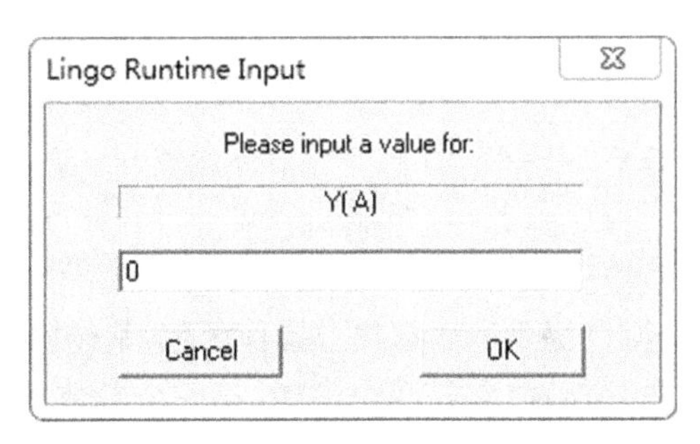

图 3.4

(2) 部分赋值：如果只想为一个集合的部分成员的某个属性指定值，而让其余成员的该属性保持未知，以便让 LINGO 求出它们的最优值，可在数据声明中输入一个逗号(最前面或最后面)或多个相连的逗号，表示该位置对应的集合成员的属性未知. 例如：

```
model:
sets:
SET1/1..5/:X;       !集合隐式罗列;
endsets
data:
X=,20,30,,;
enddata
end
```

该程序表示属性 X 的第 2 个和第 3 个值分别为 20 和 30，其余 3 个值未知.

3. 目标函数和约束条件

目标函数和约束条件通常通过 LINGO 运算符和 LINGO 函数来实现.

例 4　求向量(5,1,3,4,6,10)前 5 个数的和.

在 LINGO 软件编辑窗口输入程序如下：

```
model:
data:
```

```
N=6;
enddata
sets:
number/1..N/:x;
endsets
data:
x=5 1 3 4 6 10;
enddata
s=@sum(number(I)|I#le#5:x);     !目标函数;
end
```

两点说明：

(1) @sum是LINGO提供的内部集合操作函数，其作用是对某个集合的所有成员求指定表达式的和.该函数需要两个参数，第一个参数是集合名称，指定对该集合所有成员求和；第二参数是一个表达式，表示求和运算对该表达式进行.即

@sum(集合名称|条件:表达式).

(2) #le#(小于等于)是逻辑运算符，若左边的运算符小于或等于右边的运算符，为true；否则为false.

LINGO运行结果如下：

```
Variable              Value
       N           6.000000
       S           19.00000
    X(1)           5.000000
    X(2)           1.000000
    X(3)           3.000000
    X(4)           4.000000
    X(5)           6.000000
    X(6)           10.00000
```

结果解读：前5个数的和 $s=19$.

4. 完整的模型实例

例5 某公司有6个供货栈(仓库)，现有8个客户各要一批货，各供货栈到8个客户处的单位货物运输价见表3.2. 试确定各货栈到各客户处的货物调运数量，使总的运输费最小.

表 3.2 供货栈到客户的单位货物运输价(元/单位)及需求量

供货栈	客户								库存量
	V1	V2	V3	V4	V5	V6	V7	V8	
W1	6	2	6	7	4	2	5	9	60
W2	4	9	5	3	8	5	8	2	55
W3	5	2	1	9	7	4	3	3	51
W4	7	6	7	3	9	2	7	1	43
W5	2	3	9	5	7	2	6	5	41
W6	5	5	2	2	8	1	4	3	52
需求量	35	37	22	32	41	32	43	38	—

引入决策变量 $x_{ij}(i=1,2,\cdots,6;j=1,2,\cdots,8)$,表示从第 i 个供货栈到第 j 个客户的货物运量,用符号 c_{ij} 表示从第 i 个供货栈到第 j 个客户的单位货物运输价,a_i 表示第 i 个供货栈的最大供货量,d_j 表示第 j 个客户的需求量,则本问题的数学模型为

$$\min z = \sum_{i=1}^{6}\sum_{j=1}^{8} c_{ij}x_{ij},$$

$$\text{s.t.}\begin{cases}\sum_{j=1}^{8} x_{ij} \leqslant a_i, & i=1,2,\cdots,6,\\ \sum_{i=1}^{6} x_{ij} = d_j, & j=1,2,\cdots,8,\\ x_{ij} \geqslant 0, & i=1,2,\cdots,6,\ j=1,2,\cdots,8.\end{cases}$$

在 LINGO 软件编辑窗口输入程序如下:

```
model:
sets:      !集合段,以 sets:开始,endsets 结束;
WH/W1..W6/:AI;      !仓库集合,原始集合;
VD/V1..V8/:DJ;      !客户集合;
LINKS(WH,VD):C,X;      !运输关系集合,派生集合;
endsets
data:      !数据段,以 enddata 结束;
AI= 60,55,51,43,41,52;
DJ= 35,37,22,32,41,32,43,38;
C= 6,2,6,7,4,2,5,9
   4,9,5,3,8,5,8,2
   5,2,1,9,7,4,3,3
   7,6,7,3,9,2,7,1
```

```
  2,3,9,5,7,2,6,5
  5,5,2,2,8,1,4,3;
@text()=@table(x);      !把结果以表格形式输出在屏幕上;
enddata
MIN=@SUM(LINKS(I,J):C(I,J)*X(I,J));      !目标函数;
@FOR(WH(I):@SUM(VD(J):X(I,J))<=AI(I));      !约束条件;
@FOR(VD(J):@SUM(WH(I):X(I,J))=DJ(J));      !约束条件;
end
```

注:(1) 语句中的@FOR 是 LINGO 提供的内部函数,其作用是对某个集合的所有成员分别生成一个约束表达式. 它有两个参数,第一个参数是集合名称,表示对该集合的所有成员生成对应的约束表达式. 上面程序中,第一个约束条件中的第一个参数是 WH,它表示供货栈,共有 6 个成员,所以应生成 6 个约束表达式. 第二个参数是约束表达式的具体内容,这里调用@SUM 函数,表示约束表达式的左边是求和,也就是对集合 VD 的 8 个成员即表达式 X(I,J)中的第二维 J 求和;约束表达式的右边是集合 WH 的属性 AI,它有 6 个分量,与 6 个约束表达式一一对应. 同理可解释第二个约束条件. 本语句中的属性分别属于不同的集合,所以不能省略索引 I,J.

(2) @SUM 和@FOR 函数可以嵌套使用.

LINGO 运行结果如下:

```
Global optimal solution found.
Objective value:                        664.0000
          V1        V2        V3        V4        V5        V6        V7
  V8
     W1  0.000000  19.00000  0.000000  0.000000  41.00000  0.000000  0.000000
0.000000
     W2  1.000000  0.000000  0.000000  32.00000  0.000000  0.000000  0.000000
0.000000
     W3  0.000000  11.00000  0.000000  0.000000  0.000000  0.000000  40.00000
0.000000
     W4  0.000000  0.000000  0.000000  0.000000  0.000000  5.000000  0.000000
38.00000
     W5  34.00000  7.000000  0.000000  0.000000  0.000000  0.000000  0.000000
0.000000
     W6  0.000000  0.000000  22.00000  0.000000  0.000000  27.00000  3.000000
0.000000
```

```
Variable              Value          Reduced Cost
X( W1,V1)          0.000000              5.000000
X( W1,V2)          19.00000              0.000000
X( W1,V3)          0.000000              5.000000
 ......
X( W6,V7)          3.000000              0.000000
X( W6,V8)          0.000000              3.000000
```

结果解读:目标函数值为 664.000,即总运输费用最少为 664 元.各供货栈到各客户的货物数量调运方案如表 3.3 所示.

表 3.3 最优运输方案

供货栈	客户								合计
	V1	V2	V3	V4	V5	V6	V7	V8	
W1	0	19	0	0	41	0	0	0	60
W2	1	0	0	32	0	0	0	0	33
W3	0	11	0	0	0	0	40	0	51
W4	0	0	0	0	0	5	0	38	43
W5	34	7	0	0	0	0	0	0	41
W6	0	0	22	0	0	27	3	0	52
合计	35	37	22	32	41	32	43	38	—

5. LINGO 的常用运算符和函数

1) LINGO 的常用运算符

(1) 算术运算符:^(乘方),*(乘),/(除),+(加),-(减).

LINGO 中唯一的一元算术运算符是取反函数“-”.算术运算的优先级别为单目“-”(负号)最高,其余依次为^,*和/,+和-,同级自左至右,加括号可改变运算次序.

(2) 逻辑运算符

在 LINGO 中,逻辑运算符主要用于集循环函数的条件表达式中,控制函数中哪些集成员被包含,哪些集成员被排斥;创建稀疏集时,用在成员资格过滤器中.LINGO 中的 9 种逻辑运算符如表 3.4 所示.

表 3.4　LINGO 9 种逻辑运算符及其功能

分类	运算符	功能
运算对象是两个数	#eq#(等于)	两个运算对象相等时为真,否则为假
	#ne#(不等于)	两个运算对象不相等时为真,否则为假
	#gt#(大于)	左边大于右边时为真,否则为假
	#ge#(大于等于)	左边大于或等于右边时为真,否则为假
	#lt#(小于)	左边小于右边时为真,否则为假
	#le#(小于等于)	左边小于或等于右边时为真,否则为假
运算对象是逻辑值或表达式	#not#(非)	单目运算符,表示对运算对象取反,即真变成假,假变成真
	#and#(与)	两个运算对象都为真时为真,否则为假
	#or#(或)	两个运算对象都为假时为假,否则为真

(3) 关系运算符

关系运算符通常用在约束条件表达式中,指定约束条件表达式左边与右边必须满足的关系. 有以下三种关系运算符:

<(即<=,小于等于),　=(等于),　>(即>=,大于等于)

表 3.5 给出以上三类运算符的优先级:

表 3.5　算术、逻辑和关系运算符的优先级

优先级	运算符
高	#not#,-(取反)
	^
	*,/
↓	+,-
	#eq#,#ne#,#gt#,#ge#,#lt#,#le#
	#and#,#or#
低	<,=,>

2) 常用 LINGO 函数

(1) 常用数学函数

LINGO 中的常用数学函数及其功能如表 3.6 所示.

表3.6　常用数学函数及其功能

函数名	功能
@abs(x)	返回x的绝对值
@sin(x)	返回x的正弦值(x采用弧度制)
@cos(x)	返回x的余弦值(x采用弧度制)
@tan(x)	返回x的正切值(x采用弧度制)
@exp(x)	返回常数e的x次方
@log(x)	返回x的自然对数
@lgm(x)	返回x的Gamma函数的自然对数
@sign(x)	如果x<0,返回−1;否则,返回1
@floor(x)	返回x的整数部分.当x>=0时,返回不超过x的最大整数;当x<0时,返回不低于x的最小整数
@smax(x1,x2,…,xn)	返回x1,x2,…,xn中的最大值
@smin(x1,x2,…,xn)	返回x1,x2,…,xn中的最小值
@mod(x,y)	返回x除以y的余数(x和y都是整数)
@pow(x,y)	返回x的y次方(可用x^y代替)
@sqr(x)	返回x的平方值(可用x^2代替)
@sqrt(x)	返回x的正的平方根(可用x^(1/2)代替)

(2) 变量界定函数

LINGO中的变量界定函数共有4种(如表3.7所示),可实现对变量取值范围的附加限制.

表3.7　变量界定函数及其功能

函数名	功能
@bin(x)	限制x为0或1
@bnd(L,x,U)	限制L≤x≤U
@free(x)	取消对变量x的默认下界为0的限制,即x可以取任意实数
@gin(x)	限制x为整数

(3) 集合操作函数

LINGO中的集合操作函数及其功能如表3.8所示.

表 3.8 集合操作函数及其功能

函数名	功能
@for(s:e)	该函数常用在约束条件中，表示对集合 s 中的每个成员都生成一个约束条件表达式，而表达式的具体形式由参数 e 描述
@sum(s:e)	对集合 s 中的每个成员分别得到表达式 e 的值，然后返回所有这些值的和
@max(s:e)	对集合 s 中的每个成员分别得到表达式 e 的值，然后返回所有这些值中的最大值
@min(s:e)	对集合 s 中的每个成员分别得到表达式 e 的值，然后返回所有这些值中的最小值
@prod(s:e)	对集合 s 中的每个成员分别得到表达式 e 的值，然后返回所有这些值的乘积

LINGO 提供了 50 多个内部函数，所有函数都以字符@开头. 这里我们仅介绍了几类常用函数，其他函数不再一一列出. 在 LINGO 软件的"help"选项中，可以查看所有内置函数的使用方法，在 LINGO 编辑窗口"Edit"→"Paste Function"中，可以直接选择需要的函数进行编辑.

例 6 用 LINGO 软件产生序列{1,4,9,16,25}.

在 LINGO 软件编辑窗口输入程序如下：

```
model:
sets:
number/1..5/:x;
endsets
@for(number(I): x(I)=I^2);     !@for 循环函数;
end
```

例 7 求向量(5,1,3,4,6,10)中前 5 个数的最小值、后 3 个数的最大值.

在 LINGO 软件编辑窗口输入程序如下：

```
model:
data:
N=6;
enddata
sets:
number/1..N/:x;
endsets
data:
x=5 1 3 4 6 10;
```

```
enddata
minv=@min(number(I)|I#le#5:x);      !返回最小值;
maxv=@max(number(I)|I#ge#N-2:x);      !返回最大值;
end
```

程序输出结果如下：

```
Variable              Value
       N           6.000000
    MINV           1.000000
    MAXV           10.00000
```

例8　用LINGO程序表示 $\sum_{i=1}^{100} x_i \leqslant 90$.

在LINGO软件编辑窗口输入程序如下：

```
sets:     !集合段;
s/1..100/:x;     !基本集合,集合名与属性变量;
endsets
!目标与约束段;
@sum(s(i):x(i))<90;     !循环求和函数;
```

例9　用LINGO程序表示

$$\sum_{\substack{2 \leqslant k \leqslant 40 \\ k \neq 10}} x_{ijk} = 100,\quad 其中\ i = 1,2,\cdots,20,\ j = 1,2,\cdots,30.$$

在LINGO软件编辑窗口输入程序如下：

```
sets:
a/1..20/:;
b/1..30/:;
c/1..40/:;
d(a,b,c):x;
endsets
@for(a(i):@for(b(j):
@sum(d(i,j,k)|k#gt#1#and#k#ne#10:x(i,j,k))=100));
```

例10　用LINGO程序表示

$$\begin{cases} y_j\ 取整数, & j=1,2,\cdots,200, \\ x_{ij}\ 为\ 0-1\ 变量, & i=1,2,\cdots,100,\ j=1,2,\cdots,200. \end{cases}$$

在LINGO软件编辑窗口输入程序如下：

```
sets:
a/1..100/:;
b/1..200/:y;
c(a,b):x;
endsets
@for(b(j):@gin(y(j)));
@for(c(i,j):@bin(x(i,j)));
```

例 11 用 LINGO 程序构建集的方法求解下面的模型：

$$\max z=30x_1+20x_2+50x_3,$$

$$\text{s. t.}\begin{cases}x_1+2x_2+3x_3\leqslant 430,\\3x_1+2x_3\leqslant 460,\\x_1+4x_2\leqslant 420,\\x_1+x_2+x_3\leqslant 300,\\x_1\geqslant 0,x_2\geqslant 85,\\0\leqslant x_3\leqslant 240.\end{cases}$$

在 LINGO 软件编辑窗口输入程序如下：

```
model:
sets:
hang/1..4/:b;      !不等式右端向量;
lie/1..3/:c,x;     !c为目标向量,x为决策向量;
xishu(hang,lie):a;
endsets
data:
c=30,20,50;
a=1 2 3
  3 0 2
  1 4 0
  1 1 1;
b=430,460,420,300;
enddata
max=@sum(lie(j):c(j)*x(j));
@for(hang(i):@sum(lie(j):a(i,j)*x(j))<b(i));
x(2)>85;x(3)<240;
end
```

程序输出结果如下：

```
Global optimal solution found.
Objective value:     7100.000
Variable              Value              Reduced Cost
     X(1)          80.00000                  0.000000
     X(2)          85.00000                  0.000000
     X(3)          60.00000                  0.000000
```

结果解读:这是一个线性规划问题,当 $x_1=80,x_2=85,x_3=60$ 时,得到全局最优解 $z=7100$.

三、练习

1. 用 LINGO 软件分别产生下列序列：

(1) $\{1,3,5,7,9,11\}$；

(2) $\left\{1,\frac{1}{6},\frac{1}{12},\frac{1}{20},\frac{1}{30}\right\}$.

2. 用 LINGO 程序表示 $\sum_{i=1}^{100}\sum_{j=1}^{200}x_{ij}=280$.

3. 用 LINGO 程序表示 $\sum_{i=1}^{100}x_{ij}>150,j=1,2,\cdots,200$.

4. 求向量(2,3,7,9,11,8)中所有数的和.

5. 用 LINGO 程序构建集的方法求解下列模型：

(1) $\max z=x_1+x_2$,

$$\text{s. t.}\begin{cases}2x_1+x_2\leqslant 6,\\4x_1+5x_2\leqslant 20,\\x_1,x_2\geqslant 0;\end{cases}$$

(2) $\min z=2x_1+x_2+5x_3$,

$$\text{s. t.}\begin{cases}5x_1+4x_2+x_3\leqslant 24,\\2x_1+5x_2-2x_3\geqslant 5,\\x_1+x_2+x_3\geqslant 7,\\x_1,x_2,x_3\geqslant 0.\end{cases}$$

实验三　线性规划

一、实验目的

掌握线性规划的一般模型，能用 LINGO 软件进行求解，并进行灵敏度分析以及资源影子价格的相关分析.

二、实验内容

1. 线性规划模型

线性规划模型(LP)包含一组决策变量、一个线性目标函数和一组线性的约束条件. 其一般形式为

$$\max(\min)z=\sum_{j=1}^{n}c_jx_j,$$

$$\text{s. t.}\begin{cases}\sum_{j=1}^{n}a_{ij}x_j\leqslant(\geqslant,=)b_i, & i=1,2,\cdots,m,\\ x_j\geqslant(\leqslant,=)0, & j=1,2,\cdots,n;\end{cases}$$

标准型为

$$\max z=\boldsymbol{c}^{\mathrm{T}}\boldsymbol{x},$$

$$\text{s. t.}\begin{cases}\boldsymbol{Ax}=\boldsymbol{b},\\ \boldsymbol{x}\geqslant\boldsymbol{0}.\end{cases}$$

例 1　某工厂有两条生产线，分别用来生产 M 和 P 两种型号的产品，利润分别为 200 元/个和 300 元/个，生产线的最大生产能力分别为每日 100 个和 120 个，且生产线每生产 1 个 M 产品需要 1 个劳动日(1 个工人工作 8 小时称为 1 个劳动日)进行调试、检测等工作，而每个 P 产品需要 2 个劳动日. 该厂工人每天共计能提供 160 个劳动日，假如原材料等其他条件不受限制，问应如何安排生产计划，才能使获得的利润最大?

设两种产品的日生产量分别为 x_1,x_2，则该问题的数学模型如下：

目标函数：$\max z=200x_1+300x_2$；

$$\text{约束条件：}\begin{cases}x_1\leqslant100,\\ x_2\leqslant120,\\ x_1+2x_2\leqslant160,\\ x_j\geqslant0,\ j=1,2.\end{cases}$$

在 LINGO 软件编辑窗口输入程序如下：

```
model:
max=200*x1+300*x2;
x1<=100;
x2<=120;
x1+2*x2<=160;
end
```

程序输出结果如下：

```
Global optimal solution found.
Objective value:                          29000.00
Infeasibilities:                          0.000000
Total solver iterations:                         0

Variable              Value        Reduced Cost
      X1           100.0000            0.000000
      X2           30.00000            0.000000
     Row    Slack or Surplus         Dual Price
       1           29000.00            1.000000
       2           0.000000            50.00000
       3           90.00000            0.000000
       4           0.000000            150.0000
```

结果解读：目标函数值为 29000，变量值分别为 $x_1=100$，$x_2=30$. “Reduced Cost”的含义是缩减成本系数(最优解中变量的 Reduced Cost 值自动取零). “Row”是输入模型中的行号. “Slack or Surplus”的意思为松弛或剩余，即约束条件左边与右边的差值，对于“＜＝”不等式，右边减左边的差值称为 Slack(松弛)；对于“＞＝”不等式，左边减右边的差值称为 Surplus(剩余)；当约束条件的左右两边相等时，松弛或剩余的值为零；如果约束条件无法满足，即没有可行解，则松弛或剩余的值为负. “Dual Price”的意思是影子价格. 上面报告中 Row 2 的松弛值为 0，意思是说第二行的约束条件，即第一条生产线最大生产能力已达到饱和状态(100 个)；影子价格为 50，含义是如果该生产线最大生产能力增加 1，能使目标函数值即利润增加 50. 报告中 Row 3 的松弛值为 90，表示按照最优解安排生产($x_2=30$)，则第三行的约束条件，即第二条生产线的最大生产能力 120 剩余了 90，因此增加该生产线的最大生产能力对目标函数的最优值不起作用，故影子价格为 0.

例 2　某工厂利用甲、乙、丙三种原料生产 A,B,C,D,E 五种产品(有关数据如表 3.9 所示),求如何安排产量可使获得的利润最大.

表 3.9 产品原料分配及利润数据

原料	可利用数(kg)	每万件产品所用材料数(kg)				
		A	*B*	*C*	*D*	*E*
甲	10	1	2	1	0	1
乙	24	1	0	1	3	2
丙	21	1	2	2	2	2
每万件产品的利润(万元)		8	20	10	20	21

设 x_1,x_2,x_3,x_4,x_5 分别为 A,B,C,D,E 的产量(万件),z 为总利润(万元),则可建立如下线性规划模型:

$$\max z=8x_1+20x_2+10x_3+20x_4+21x_5,$$

$$\text{s.t.}\begin{cases}x_1+2x_2+x_3+x_5\leqslant 10,\\ x_1+x_3+3x_4+2x_5\leqslant 24,\\ x_1+2x_2+2x_3+2x_4+2x_5\leqslant 21,\\ x_1,x_2,x_3,x_4,x_5\geqslant 0.\end{cases}$$

LINGO 程序如下:

```
max=8*x1+20*x2+10*x3+20*x4+21*x5;
x1+2*x2+x3+x5<=10;
x1+x3+3*x4+2*x5<=24;
x1+2*x2+2*x3+2*x4+2*x5<=21;
```

计算结果:$x_1=0,x_2=0,x_3=0,x_4=0.5,x_5=10$ 时利润达到最大,且最大利润为 220 万元.

当决策变量较少时,用直接输入法进行编程;当决策变量较多时,可用构建集的方法进行编程计算.如本例,可在 LINGO 软件编辑窗口输入程序如下:

```
model:
sets:
row/1..3/:b;      !b为不等式约束的右端向量;
col/1..5/:c,x;     !c为目标向量,x为决策变量;
links(row,col):a;
endsets
data:
c=8,20,10,20,21;
```

```
b=10,24,21;
a=1,2,1,0,1
  1,0,1,3,2
  1,2,2,2,2;
enddata
max=@sum(col(j):c(j)*x(j));     !目标函数;
@for(row(i):@sum(col(j):a(i,j)*x(j))<b(i));     !约束条件;
end
```

程序输出结果如下：

```
Global optimal solution found.
Objective value:      220.0000

Variariable          Value          Reduced Cost
      X(1)         0.000000           3.000000
      X(2)         0.000000           2.000000
      X(3)         0.000000           11.00000
      X(4)         0.500000           0.000000
      X(5)         10.00000           0.000000
       Row    Slack or Surplus       Dual Price
         1         220.0000           1.000000
         2         0.000000           1.000000
         3         2.500000           0.000000
         4         0.000000           10.00000
```

例 3　某养鸡场饲养了一批小鸡，已知小鸡健康成长所需的基本营养元素有 A，B，C 三种，且这批小鸡每日对这三种营养的最低需要量是元素 A 为 12 单位，元素 B 为 36 单位，元素 C 则是恰好为 24 单位（C 元素不够或过量都是有害的）. 现市场供应的饲料有甲、乙两种，甲饲料每千克 5 元，所含的营养元素 A 为 2 单位，B 为 2 单位，C 为 2 单位；乙饲料每千克 4 元，所含的营养元素 A 为 1 单位，B 为 9 单位，C 为 3 单位. 养鸡场负责人希望得到甲、乙两种饲料的混合饲料最优配比，既能满足小鸡健康成长的需要，又能降低饲料的费用.

假设甲饲料每天需求 x_1 千克，乙饲料每天需求 x_2 千克，每天饲料总费用为 f，则可建立如下线性规划模型：

$$\min f=5x_1+4x_2,$$

$$\text{s. t.}\begin{cases}2x_1+x_2\geqslant 12,\\2x_1+9x_2\geqslant 36,\\2x_1+3x_2=24,\\x_1,x_2\geqslant 0.\end{cases}$$

LINGO 程序如下：

```
min=5*x1+4*x2;
2*x1+x2>=12;
2*x1+9*x2>=36;
2*x1+3*x2=24;
```

计算结果：$x_1=3$，$x_2=6$ 时每天饲料总费用最低，且最低费用为 39 元.

若采用构建集的方法，则在 LINGO 软件编辑窗口输入程序如下：

```
model:
sets:
row/1..3/:b;      !b 为不等式约束的右端向量;
col/1,2/:c,x;      !c 为目标向量,x 为决策变量;
links(row,col):a;
endsets
data:
c=5,4;
b=12,36,24;
a=2,1,
  2,9,
  2,3;
enddata
min=@sum(col(j):c(j)*x(j));      !目标函数;
@for(row(i)|i#ne#3:@sum(col(j):a(i,j)*x(j))>b(i));     !约束条件;
@for(row(i)|i#eq#3:@sum(col(j):a(i,j)*x(j))=b(i));     !约束条件;
end
```

例 4 已知甲、乙两个煤厂联合供应 A，B，C 三个居民区，且三个居民区每月对煤的需求量依次为 50t，70t 和 40t. 如果甲、乙每月产煤分别是 60t，100t，煤厂到各个居民区的运输费用如表 3.10 所示，问两厂如何分配供煤量使得总运输费用最少？

表 3.10　煤厂到各个居民区运输费用(元/t)

煤厂	居民区		
	A	B	C
甲	10	5	6
乙	4	8	12

假设 $k_i(i=1,2)$表示第 i 个煤厂的产煤量,$q_j(j=1,2,3)$表示第 j 个小区对煤的需求量,c_{ij} 表示第 i 个煤厂对第 j 个小区的运输费用,x_{ij} 表示第 i 个煤厂到第 j 个小区的供煤量,总费用记作 f,则可建立如下线性规划模型:

$$\min f = \sum_{i=1}^{2}\sum_{j=1}^{3} c_{ij}x_{ij},$$

$$\text{s.t.}\begin{cases}\sum_{j=1}^{3} x_{ij} = k_i & (i=1,2),\\ \sum_{i=1}^{2} x_{ij} = q_j & (j=1,2,3),\\ x_{ij}\geqslant 0 & (i=1,2,\ j=1,2,3).\end{cases}$$

在 LINGO 软件编辑窗口输入程序如下:

```
model:
sets:
mc/jia,yi/:kc;
jm/a,b,c/:xq;
links(mc,jm):c,x;
endsets
data:
kc=60,100;
xq=50,70,40;
c=10,5,6
  4,8,12;
enddata
min=@sum(links(i,j):c(i,j)*x(i,j));
@for(mc(i):@sum(jm(j):x(i,j))=kc(i));
@for(jm(j):@sum(mc(i):x(i,j))=xq(j));
end
```

程序输出结果如下:

```
Global optimal solution found.
```

```
Objective value:                               940.0000
Variable              Value                Reduced Cost
X(JIA,A)            0.000000                  9.000000
X(JIA,B)            20.00000                  0.000000
X(JIA,C)            40.00000                  0.000000
 X(YI,A)            50.00000                  0.000000
 X(YI,B)            50.00000                  0.000000
 X(YI,C)            0.000000                  3.000000
```

结果解读:分配方案为 A 区乙 50t,B 区甲 20t,乙 50t,C 区甲 40t,总运输费用最小为 940 元.

2. 线性规划的灵敏度分析

在线性规划模型

$$\max z=\boldsymbol{c}^{\mathrm{T}}\boldsymbol{x},$$
$$\text{s. t.}\begin{cases}\boldsymbol{Ax}=\boldsymbol{b},\\ \boldsymbol{x}\geqslant\boldsymbol{0}\end{cases}$$

中,总是假设 $\boldsymbol{A},\boldsymbol{b},\boldsymbol{c}$ 中的元素都是常数,但这些数值在许多情况都是由实验或测量得到的. 在工程实践中,一般 $\boldsymbol{A}$ 表示工艺,$\boldsymbol{b}$ 表示资源条件,$\boldsymbol{c}$ 表示市场条件,实际中可能有多种原因引起它们变化. 现在的问题是:这些系数在什么范围内变化时,线性规划问题的最优解不变? 或这些系数发生变化时,最优解和最优值发生怎样的变化? 这就是线性规划的灵敏度分析要解决的问题.

如果要进行灵敏度分析,必须选择“Solve”→“Options”→“General Solver”,然后在“Dual Comutations”中选择“Prices&Range”.

如果想要研究目标函数的系数以及约束条件右端的常数项系数在什么范围变化(假定其他系数保持不变)时最优解保持不变,则应该在“Dual Comutations”中选择“Prices&Ranges”.

例 5 一奶制品加工厂用牛奶生产 A_1,A_2 两种奶制品,已知 1 桶牛奶可以在甲车间用 12 h 加工成 3 kg 的 A_1,或者在乙车间用 8 h 加工成 4 kg 的 A_2. 根据市场需求,生产的 A_1,A_2 全部能售出,且每千克 A_1 获利 24 元,每千克 A_2 获利16 元. 现在加工厂每天能得到 50 桶牛奶的供应,每天正式工人总劳动时间为 480 h,并且甲车间每天至多能加工 100 kg 的 A_1,乙车间的加工能力没有限制. 试为该厂制订一个生产计划,使每天获利最大,并进一步讨论以下 3 个附加问题:

(1) 若用 35 元可以买到 1 桶牛奶,可否进行这项投资? 若投资,每天最多购买多少桶牛奶?

(2) 若可以聘用临时工人以增加劳动时间,付给临时工人的工资最多是每小时几元?

(3) 由于市场需求变化,每千克 A_1 的获利增加到 30 元,是否改变生产计划?

设 x_1 桶牛奶生产 A_1,x_2 桶牛奶生产 A_2,则可建立如下线性规划模型:

$$\max z=24\times 3x_1+16\times 4x_2,$$

$$\text{s. t.}\begin{cases}x_1+x_2\leqslant 50,\\12x_1+8x_2\leqslant 480,\\3x_1\leqslant 100,\\x_1,x_2\geqslant 0.\end{cases}$$

在 LINGO 软件编辑窗口输入程序如下:

```
model:
max=72*x1+64*x2;
x1+x2<50;
12*x1+8*x2<480;
3*x1<100;
end
```

选择菜单 Solve 按钮(或鼠标右击 solve),得出如下求解报告:

```
Global optimal solution found.
Objective value:                    3360.000
Infeasibilities:                    0.000000
Total solver iterations:                   2
Elapsed runtime seconds:                0.10

Model Class:                              LP

Total variables:                           2
Nonlinear variables:                       0
Integer variables:                         0

Total constraints:                         4
Nonlinear constraints:                     0

Total nonzeros:                            7
Nonlinear nonzeros:                        0
```

```
Variable           Value          Reduced Cost
      X1        20.00000              0.000000
      X2        30.00000              0.000000
     Row   Slack or Surplus         Dual Price
       1        3360.000              1.000000
       2        0.000000              48.00000
       3        0.000000              2.000000
       4        40.00000              0.000000
```

求解模型后，对模型进行详尽的灵敏度分析，应依次选择"Solve"→"Options"→"General Solver"→"Dual Comutations"→"Prices&Range". 重新运行 LINGO 后，关闭输出界面，然后打开菜单"Solver"→"Range"，得到灵敏度分析结果如下所示：

```
Ranges in which the basis is unchanged:

       Objective Coefficient Ranges:
                     Current        Allowable        Allowable
       Variable   Coefficient        Increase         Decrease
             X1      72.00000        24.00000          8.00000
             X2      64.00000         8.00000         16.00000

       Righthand Side Ranges:
                      Current       Allowable        Allowable
            Row           RHS        Increase         Decrease
              2      50.00000        10.00000         6.666667
              3      480.0000        53.33333         80.00000
              4      100.0000        INFINITY         40.00000
```

结果解读：当 20 桶牛奶生产 A_1，30 桶牛奶生产 A_2，可获得最大利润 3360 元. 由"Slack or Surplus"可知，牛奶和时间剩余为零，因此是紧约束，加工能力则剩余 40kg. 由"Dual Price"可知，当牛奶增加 1 单位，利润增加 48；当时间增加 1 单位，利润增长 2；当加工能力增加时，则利润不受影响. 由"Objective Coefficient Ranges"可知，当 x_1 的利润系数在[64,96]范围内，x_2 的利润系数在[48,72]范围内，生产方案不变. 由"Righthand Side Ranges"可知，牛奶最多增加 10 桶，时间最多增加 53h，生产方案不变.

针对问题(1)，牛奶增加 1 单位花费 35 元，可获得 48 元利益，应该购入，但最多购入 10 桶；针对问题(2)，临时聘用的工人工资最多为每小时 2 元；针对问题

(3),x_1的利润函数由 $24\times3=72$ 增加为 $30\times3=90$,因在 x_1 的利润系数[64,96]范围内,所以不需要改变生产计划.

三、练习

1. 用 LINGO 软件求解以下问题:

(1) $\min z=2x_1+3x_2+x_3$,

$$\text{s. t.}\begin{cases}x_1+4x_2+2x_3\leqslant15,\\3x_1+2x_3\geqslant2,\\x_1+x_2\leqslant10,\\x_1,x_2,x_3\geqslant0;\end{cases}$$

(2) $\max z=2x_1+3x_2-5x_3$,

$$\text{s. t.}\begin{cases}x_1+x_2-x_3+x_4\geqslant5,\\2x_1+x_3\leqslant4,\\x_2+x_3+x_4=6,\\x_1,x_2,x_3,x_4\geqslant0.\end{cases}$$

2. 某工厂在计划期内要安排生产 A,B 两种产品,已知生产每千克产品所需设备台时及对甲、乙两种原材料的消耗相关数据如表 3.11 所示,问如何安排生产计划可使工厂获利最大?

表 3.11　资源配置问题的数据

资源	产品		可利用资源数
	A	B	
设备(台时)	1	2	8
甲(kg)	4	0	16
乙(kg)	0	4	12
单位利润(元)	2	3	—

3. 某公司在下一年度的 1～4 月的 4 个月内拟租用仓库堆放物资,已知各月份所需仓库面积如表 3.12 所示,而仓库租借费用随合同期而定,且期限越长,折扣越大(具体数字如表 3.13 所示). 租借仓库的合同每月初都可办理,每份合同具体规定租用面积和期限,因此该公司可根据需要在任何一个月初办理租借合同,且每次办理时可签一份合同,也可签若干份租用面积和租借期限不同的合同. 试确定该公司签订租借合同的最优决策,目的是使所付租借费用最小.

表 3.12　各月份所需仓库面积数据

月份	1	2	3	4
所需仓库面积(百平方米)	15	10	20	12

表 3.13　合同租费数据

合同租借期限	1 个月	2 个月	3 个月	4 个月
合同期内的租费(元/百平方米)	2800	4500	6000	7300

4. 某公司饲养实验用的动物以供出售,已知这些动物的生长对饲料中 3 种营养成分(蛋白质、矿物质和维生素)特别敏感,并且每个动物每周至少需要蛋白质 60 g,矿物质 3 g,维生素 8 mg. 该公司能买到 5 种不同的饲料,每种饲料 1 kg 所含各种营养成分和成本如表 3.6 所示. 如果每个动物每周食用饲料不超过 52 kg,求既能满足动物生长需要又使总成本最低的饲料配方,并对其结果做出相应分析.

表 3.14　资源配置问题的数据

营养成分	饲料					营养最低要求
	A1	A2	A3	A4	A5	
蛋白质(g)	0.3	2	1	0.6	1.8	60
矿物质(g)	0.1	0.05	0.02	0.2	0.05	3
维生素(mg)	0.05	0.1	0.02	0.2	0.08	8
成本(元/kg)	0.2	0.7	0.4	0.3	0.5	—

实验四　整数规划

一、实验目的

掌握整数规划的一般模型,能用 LINGO 软件求整数规划.

二、实验内容

1. 理论知识

整数规划模型的一般形式为

$$\max(\min)z=\sum_{j=1}^{n}c_jx_j$$

$$\text{s.t.}\begin{cases}\sum_{j=1}^{n}a_{ij}x_j\leqslant(\geqslant,=)b_i, & i=1,2,\cdots,m,\\ x_j\geqslant 0 \text{ 且 } x_j \text{ 为整数}, & j=1,2,\cdots,n.\end{cases}$$

如果整数规划中的所有决策变量 $x_j(j=1,2,\cdots,n)$ 仅限取 0 和 1 两个值，则称此问题为 0－1 规划，变量 $x_j(j=1,2,\cdots,n)$ 称为 0－1 变量.

2. LINGO 的使用

例 1　用 LINGO 软件求解 0－1 规划问题：

$$\max z=2x_1+5x_2+3x_3+4x_4,$$

$$\text{s.t.}\begin{cases}-4x_1+x_2+x_3+x_4\geqslant 0,\\ -2x_1+4x_2+2x_3+4x_4\geqslant 1,\\ x_1+x_2-x_3+x_4\geqslant 1,\\ x_1,x_2,x_3,x_4=0 \text{ or } 1.\end{cases}$$

在 LINGO 软件编辑窗口输入程序如下：

```
model:
max=2*x1+5*x2+3*x3+4*x4;
-4*x1+x2+x3+x4>=0;
-2*x1+4*x2+2*x3+4*x4>=1;
x1+x2-x3+x4>=1;
@bin(x1);@bin(x2);@bin(x3);@bin(x4);
end
```

选择菜单 Solve 按钮（或鼠标右击 solve），得出如下所示求解报告：

```
Global optimal solution found.
Objective value:                    12.00000
Objective bound:                    12.00000
Infeasibilities:                    0.000000
Extended solver steps:                     0
Total solver iterations:                   0
Elapsed runtime seconds:                0.06

Model Class:                            PILP
```

```
Variable          Value        Reduced Cost
      X1       0.000000           -2.000000
      X2       1.000000           -5.000000
      X3       1.000000           -3.000000
      X4       1.000000           -4.000000
     Row  Slack or Surplus       Dual Price
       1       12.00000            1.000000
       2       3.000000            0.000000
       3       9.000000            0.000000
       4       0.000000            0.000000
```

结果解读：当 $x_1=0, x_2=1, x_3=1, x_4=1$ 时，得到全局最优解 $z=12$.

例 2 一旅行者的背包中最多只能装 6 kg 的物品，现待装的物品有 4 件，它们的重量和价值依次为 2 kg，1 元；3 kg，1.2 元；3 kg，0.9 元；4 kg，1.1 元. 那么他的背包中携带哪些物品可使价值最大？

用 x_i 表示第 i 种物品是否被携带，并令

$$x_i=\begin{cases}1, & \text{携带第 } i \text{ 种物品}, \\ 0, & \text{不携带第 } i \text{ 种物品},\end{cases}$$

携带物品的总价值记为 f，则可建立如下 0－1 规划模型：

$$\max f=x_1+1.2x_2+0.9x_3+1.1x_4,$$

$$\text{s. t.}\begin{cases}2x_1+3x_2+3x_3+4x_4\leqslant 6, \\ 0\leqslant x_i\leqslant 1 \text{ 且 } x_i \text{ 为整数}, \ i=1,2,3,4.\end{cases}$$

LINGO 程序如下：

```
max=x1+1.2*x2+0.9*x3+1.1*x4;
2*x1+3*x2+3*x3+4*x4<=6;
@bin(x1);
@bin(x2);
@bin(x3);
@bin(x4);
```

计算结果：$x_1=1, x_2=1, x_3=0, x_4=0$，即携带第 1 种物品和第 2 种物品时价值最大，总价值为 2.2 元.

例 3 某煤矿准备在 5 个矿井挖煤，现在有 10 个矿井可供选择，设这 10 个矿井的代号分别为 A1，A2，…，A10，相应的开采费用分别为 8，9，3，10，4，7，5，14，11，8. 对矿井的选择要满足以下限制条件：

(1) 或选 A1 和 A7，或选 A8；

(2) 在 A4,A5,A6,A7 中最多只能选两个;

(3) 选择 A3 或 A4,就不能选择 A5,反之亦然.

问:如何选择才能使开采总费用最小?

用 x_i 表示第 i 个矿井是否被选择,并令

$$x_i=\begin{cases}1, & \text{选择第 } i \text{ 个矿井},\\ 0, & \text{不选择第 } i \text{ 个矿井},\end{cases}$$

开采总费用记为 f,则可建立如下 0-1 规划模型:

$$\min f=8x_1+9x_2+3x_3+10x_4+4x_5+7x_6+5x_7+14x_8+11x_9+8x_{10},$$

$$\text{s.t.}\begin{cases}\sum_{i=1}^{10}x_i=5,\\ x_1+x_8=1,\\ x_7+x_8=1,\\ x_4+x_5+x_6+x_7\leqslant 2,\\ x_3+x_5\leqslant 1,\\ x_4+x_5\leqslant 1,\\ 0\leqslant x_i\leqslant 1 \text{ 且 } x_i \text{ 为整数}, i=1,2,\cdots,10.\end{cases}$$

LINGO 程序如下:

```
min=8*x1+9*x2+3*x3+10*x4+4*x5+7*x6+5*x7+14*x8+11*x9+8*x10;
x1+x2+x3+x4+x5+x6+x7+x8+x9+x10=5;
x1+x8=1;
x7+x8=1;
x4+x5+x6+x7<=2;
x3+x5<=1;
x4+x5<=1;
@bin(x1);
@bin(x2);
@bin(x3);
@bin(x4);
@bin(x5);
@bin(x6);
@bin(x7);
@bin(x8);
@bin(x9);
```

```
@bin(x10);
```

计算结果：$x_1=1, x_2=0, x_3=1, x_4=0, x_5=0, x_6=1, x_7=1, x_8=0, x_9=0, x_{10}=1$，即选择 A1，A3，A6，A7，A10 时费用最小，且总费用为 31.

例 4 已知某公司在四地各有一项业务，现需选定 4 位业务员分别去处理一项业务. 由于业务能力、经验等方面的原因，不同业务员处理各项业务的费用（单位：元）均不相同（见表 3.15）. 问：应当怎样分派任务才能使总的费用最小？

表 3.15 不同业务员处理各项业务费用表

业务员	业务			
	1	2	3	4
1	1100	800	1000	700
2	600	500	300	800
3	400	800	1000	900
4	1100	1000	500	700

这是一个最优指派问题. 引入如下变量：

$$x_{ij}=\begin{cases}1, & \text{若分派第 } i \text{ 个人去做第 } j \text{ 项业务},\\ 0, & \text{若不分派第 } i \text{ 个人做第 } j \text{ 项业务},\end{cases}$$

设矩阵 $(a_{ij})_{4\times4}$ 为指派矩阵，其中 a_{ij} 为第 i 个业务员做第 j 项业务的业务费，则可以建立如下 0－1 规划模型：

$$\min z=\sum_{i=1}^{4}\sum_{j=1}^{4}a_{ij}x_{ij},$$

$$\text{s. t.}\begin{cases}\sum_{i=1}^{4}x_{ij}=1, & j=1,2,3,4,\\ \sum_{j=1}^{4}x_{ij}=1, & i=1,2,3,4,\\ x_{ij}=0 \text{ 或 } 1, & i,j=1,2,3,4.\end{cases}$$

在 LINGO 软件编辑窗口输入程序如下：

```
model:
sets:
person/A,B,C,D/;
task/1..4/;
assign(person,task):a,x;
endsets
data:
a=1100,800,1000,700,
```

```
  600,500,300,800,
  400,800,1000,900,
  1100,1000,500,700;
enddata
min=@sum(assign:a*x);
@for(person(i):@sum(task(j):x(i,j))=1);
@for(task(j):@sum(person(i):x(i,j))=1);
@for(assign(i,j):@bin(x(i,j)));
end
```

选择菜单 Solve 按钮(或鼠标右击 solve),得出如下所示求解报告:

```
Global optimal solution found.
Objective value:                     2100.000
Objective bound:                     2100.000
Infeasibilities:                     0.000000
Extended solver steps:                      0
Total solver iterations:                    0
Elapsed runtime seconds:                 0.06

Model Class:                             PILP

Variable               Value        Reduced Cost
  X(A,1)             0.000000          1100.000
  X(A,2)             0.000000          800.0000
  X(A,3)             0.000000          1000.000
  X(A,4)             1.000000          700.0000
  X(B,1)             0.000000          600.0000
  X(B,2)             1.000000          500.0000
  X(B,3)             0.000000          300.0000
  X(B,4)             0.000000          800.0000
  X(C,1)             1.000000          400.0000
  X(C,2)             0.000000          800.0000
  X(C,3)             0.000000          1000.000
  X(C,4)             0.000000          900.0000
  X(D,1)             0.000000          1100.000
```

```
X(D,2)            0.000000            1000.000
X(D,3)            1.000000            500.0000
X(D,4)            0.000000            700.0000
   Row        Slack or Surplus        Dual Price
     1            2100.000           -1.000000
     2            0.000000            0.000000
     3            0.000000            0.000000
     4            0.000000            0.000000
     5            0.000000            0.000000
     6            0.000000            0.000000
     7            0.000000            0.000000
     8            0.000000            0.000000
     9            0.000000            0.000000
```

结果解读：工作分配情况为第一个人完成第四项任务，第二个人完成第二项任务，第三个人完成第一项任务，第四个人完成第三项任务；总费用最小为 2100 元.

例 5 用 LINGO 软件求解整数规划问题：

$$\min z=2x_1+5x_2+3x_3,$$

$$\text{s. t.}\begin{cases}-4x_1-x_2+x_3\geqslant 0,\\-2x_1+4x_2-2x_3\geqslant 2,\\x_1-x_2+x_3\geqslant 2,\\x_i\geqslant 0\text{ 且取整数},\ i=1,2,3.\end{cases}$$

在 LINGO 软件编辑窗口输入程序如下：

```
model:
min=2*x1+5*x2+3*x3;
-4*x1-x2+x3>=0;
-2*x1+4*x2-2*x3>=2;
x1-x2+x3>=2;
@gin(x1);@gin(x2);@gin(x3);
end
```

选择菜单 Solve 按钮(或鼠标右击 solve)，得出如下所示求解报告：

```
Global optimal solution found.
Objective value:              30.00000
Objective bound:              30.00000
Infeasibilities:              0.000000
```

```
Extended solver steps:                  0
Total solver iterations:                5
Elapsed runtime seconds:             0.06

Model Class:                         PILP

Variable           Value        Reduced Cost
      X1        0.000000            2.000000
      X2        3.000000            5.000000
      X3        5.000000            3.000000
     Row  Slack or Surplus        Dual Price
       1        30.00000           -1.000000
       2        2.000000            0.000000
       3        0.000000            0.000000
       4        0.000000            0.000000
```

结果解读：当 $x_1=0, x_2=3, x_3=5$ 时，得到全局最优解 $z=30$.

例 6　一汽车厂生产小、中、大三种类型的汽车，已知各类型每辆车对钢材、劳动时间的需求，利润以及每月工厂钢材、劳动时间的现有量如表 3.16 所示. 又由于各种条件限制，如果生产某一类型汽车，则至少每月要生产 80 辆. 试制订月生产计划，使工厂的利润最大.

表 3.16　各类型车辆的制作需求及限制

制作需求	汽车类型			现有量
	小型	中型	大型	
钢材(t)	1.5	3	5	600
劳动时间(h)	280	250	400	60000
利润(万元)	2	3	4	—

设每月生产小、中、大型汽车的数量为 x_1, x_2, x_3，建立如下整数线性规划模型：

$$\max z=2x_1+3x_2+4x_3,$$

$$\text{s. t.}\begin{cases}1.5x_1+3x_2+5x_3\leqslant 600,\\ 280x_1+250x_2+400x_3\leqslant 60000,\\ x_i=0 \text{ 或 } \geqslant 80 \text{ 且为整数}, \ i=1,2,3.\end{cases}$$

为方便求解，可以引入 0－1 变量 y_i，则 $x_i=0$ 或 $x_i\geqslant 80$ 等价于 $x_i\leqslant My_i, x_i\geqslant 80y_i$. 其中，$M$ 是任意一个较大的数，$y_i\in\{0,1\}$. 这里 $x_i\leqslant My_i$ 的作用是当 $y_i=0$

时，必有 $x_i=0$；当 $y_i=1$ 时，则 $80\leqslant x_i\leqslant M$. 现设 $M=1000$，则有

$$x_1=0\text{ 或}\geqslant 80\rightarrow x_1\leqslant 1000y_1,x_1\geqslant 80y_1,y_1\in\{0,1\},$$
$$x_2=0\text{ 或}\geqslant 80\rightarrow x_2\leqslant 1000y_2,x_2\geqslant 80y_2,y_2\in\{0,1\},$$
$$x_3=0\text{ 或}\geqslant 80\rightarrow x_3\leqslant 1000y_3,x_3\geqslant 80y_3,y_3\in\{0,1\}.$$

在 LINGO 软件编辑窗口输入程序如下：

```
model:
max=2*x1+3*x2+4*x3;
1.5*x1+3*x2+5*x3<=600;
280*x1+250*x2+400*x3<=60000;
x1<1000*y1;
x2<1000*y2;
x3<1000*y3;
x1>80*y1;
x2>80*y2;
x3>80*y3;
@bin(y1);@bin(y2);@bin(y3);
@gin(x1);@gin(x2);@gin(x3);
end
```

选择菜单 Solve 按钮(或鼠标右击 solve)，得出如下所示求解报告：

```
Global optimal solution found.
Objective value:                    610.0000
Objective bound:                    610.0000
Infeasibilities:                    0.000000
Extended solver steps:                     0
Total solver iterations:                  18
Elapsed runtime seconds:                0.12

Model Class:                            PILP

Variable           Value        Reduced Cost
      X1        80.00000           -2.000000
      X2        150.0000           -3.000000
      X3        0.000000           -4.000000
      Y1        1.000000            0.000000
```

```
Y2          1.000000          0.000000
Y3          0.000000          0.000000
Row    Slack or Surplus      Dual Price
1           610.0000          1.000000
2           30.00000          0.000000
3           100.0000          0.000000
4           920.0000          0.000000
5           850.0000          0.000000
6           0.000000          0.000000
7           0.000000          0.000000
8           70.00000          0.000000
9           0.000000          0.000000
```

结果解读:制订的月生产计划是生产 80 辆小型车和 150 辆中型车,不生产大型车,可获得最大利润为 610 万元.

三、练习

1. 用 LINGO 软件求解下列整数规划问题:

(1) $\max z=40x_1+90x_2$,

$$\text{s. t.}\begin{cases}9x_1+7x_2\leqslant 56,\\ 7x_1+20x_2\geqslant 70,\\ x_1,x_2\geqslant 0 \text{ 且为整数;}\end{cases}$$

(2) $\max z=3x_1+4x_2+8x_3-100y_1-150y_2-200y_3$,

$$\text{s. t.}\begin{cases}2x_1+4x_2+8x_3\leqslant 500,\\ 2x_1+3x_2+4x_3\leqslant 300,\\ x_1+2x_2+3x_3\leqslant 100,\\ 3x_1+5x_2+7x_3\leqslant 700,\\ x_1\leqslant 200y_1,\\ x_2\leqslant 150y_2,\\ x_3\leqslant 300y_3,\\ x_i\geqslant 0 \text{ 且为整数}, & i=1,2,3,\\ y_i=0 \text{ 或 } 1, & i=1,2,3.\end{cases}$$

2. 登山队员在登山时需携带各种物品,已知可携带最大重量为 25 kg,不同物品的重量及重要性系数如表 3.17 所示. 问:带哪些物品可使所带物品的总重要性最大?

表 3.17 不同物品的重量及重要性数据表

序号	1	2	3	4	5	6	7
物品	食品	氧气瓶	冰镐	绳索	帐篷	相机	手电筒
重量(kg)	5	5	2	6	12	2	4
重要性系数	20	15	18	14	8	4	10

3. 已知甲、乙、丙、丁四个人完成 A,B,C,D 四项任务所需的时间(单位:周)如表 3.18 所示,试分析如何指派可使完成任务的总时间最短.

表 3.18 工作人员完成不同任务的时间表

人员	任务			
	A	B	C	D
甲	3	5	8	4
乙	6	8	5	4
丙	2	5	8	5
丁	9	3	5	2

4. 某小型工厂计划每周花 71 元在甲、乙两个小型电影院加映广告片,推销该厂的产品.已知甲电影院加映广告片的时间为 4 min,每放映一次收费 12 元,预计每次有 200 人观看,且该电影院每周仅能为该厂提供 13 min 广告时间;乙电影院加映广告片的时间为 2 min,每放映一次收费 16 元,预计每次有 300 人观看,且该电影院每周仅能为该厂提供 7 min 广告时间.为了获得更多的观众(观众人数以百人计),需要合理的在两个电影院里分配经费,试建立数学模型解答.

实验五 二次规划

一、实验目的

掌握二次规划的一般模型,能用 LINGO 软件求二次规划.

二、实验内容

1. 理论知识

如果目标函数是 x 的二次函数,约束条件都是线性的,则称此规划为二次规

划.二次规划属于非线性规划的特殊情况之一,其一般模型为

$$\min f = \sum_{j=1}^{n} \tilde{c}_j x_j + \sum_{j=1}^{n} \sum_{k=1}^{n} c_{jk} x_j x_k,$$

$$\text{s. t.} \begin{cases} \sum_{j=1}^{n} a_{ij} x_j + b_i \geqslant 0,\ i = 1,2,\cdots,m, \\ x_j \geqslant 0, c_{jk} = c_{kj},\quad j,k = 1,2,\cdots,n. \end{cases}$$

2. LINGO 的使用

例 1　用 LIINGO 软件求解二次规划问题:

$$\min f=(x-1)^2+(y-1)^2,$$

$$\text{s. t.} \begin{cases} y-x=1, \\ x+y\leqslant 2. \end{cases}$$

LINGO 默认变量的取值从 0 到正无穷大,但变量界定函数可以改变默认状态,即

@free(x):取消对变量 x 的限制(即 x 可取任意实数值).

在 LINGO 软件编辑窗口输入程序如下:

```
model:
min=(x-1)^2+(y-1)^2;
y-x=1;
x+y<=2;
@free(x);@free(y);
end
```

选择菜单 Solve 按钮(或鼠标右击 solve),得出如下所示求解报告:

```
Global optimal solution found.
Objective value:                  0.5000000
Infeasibilities:                   0.000000
Total solver iterations:                 17
Elapsed runtime seconds:               0.25
Model is convex quadratic

Model Class:                             QP

Variable              Value        Reduced Cost
       X          0.4999612            0.000000
       Y           1.499961            0.000000
```

```
Row        Slack or Surplus        Dual Price
  1               0.5000000         -1.000000
  2                0.000000         -1.000000
  3            0.7760984E-04        0.7761E-04
```

结果解读：当 $x=0.5, y=1.5$ 时，得到全局最优解 $f=0.5$.

例 2 用 LINGO 软件求解二次规划问题：

$$\max z=98x_1+277x_2-x_1^2-2x_2^2,$$

$$\text{s. t.}\begin{cases}x_1+x_2=100,\\ x_1\leqslant 2x_2,\\ x_1, x_2\geqslant 0 \text{ 且为整数.}\end{cases}$$

在 LINGO 软件编辑窗口输入程序如下：

```
model:
max=98*x1+277*x2-x1*x1-2*x2*x2;
x1+x2=100;
x1<=2*x2;
@gin(x1);
@gin(x2);
end
```

选择菜单 Solve 按钮(或鼠标右击 solve)，得出如下所示求解报告：

```
Global optimal solution found.
Objective value:                    11770.00
Objective bound:                    11770.00
Infeasibilities:                    0.000000
Extended solver steps:                     2
Total solver iterations:                  62
Elapsed runtime seconds:                0.13
Model is convex quadratic

Model Class:                            PIQP

Variable          Value          Reduced Cost
      X1       37.00000              1.020009
      X2       63.00000           0.20007E-01
```

```
Row          Slack or Surplus          Dual Price
  1              11770.00              1.000000
  2              0.000000              25.02001
  3              89.00000              0.000000
```

结果解读：当 $x_1=37,x_2=63$ 时，得到全局最优解 $z=11770$.

例 3　某厂需向用户提供发动机，合同规定：第一、二、三季度末分别交货 40 台、60 台、80 台. 设该厂每季度的生产费用为 $f(x)=ax+bx^2$（元），其中 x 是该季度生产发动机的台数. 若交货后有剩余，可用于下季度交货，但需支付存储费，每台每季度为 c 元. 已知工厂每季度最大生产能力为 100 台，第一季度开始时无存货，设 $a=50,b=0.2,c=4$，问工厂应如何安排生产计划，才能既满足合同又使总费用最低？

设 x_1,x_2,x_3 为每个季度生产的发动机，建立如下二次规划模型：

$$\min f=\sum_{i=1}^{3}(50x_i+0.2x_i^2)+4(x_1-40)+4(x_1+x_2-100),$$

$$\text{s. t.}\begin{cases}x_i\leqslant 100,\ i=1,2,3,\\ x_1\geqslant 40,\\ x_1+x_2-40\geqslant 60,\\ x_1+x_2+x_3-100\geqslant 80,\\ x_i\geqslant 0\ \text{且为整数},\ i=1,2,3.\end{cases}$$

在 LINGO 软件编辑窗口输入程序如下（用构建集的方法）：

```
model:
sets:
set1/1..3/:x;
endsets
min=@sum(set1(i):50*x(i)+0.2*x(i)^2)+(2*x(1)+x(2)-140)*4;
@for(set1(i):x(i)<100);
x(1)>40;
x(1)+x(2)-40>=60;
@sum(set1(i):x(i))>180;
@for(set1(i):@gin(x(i)));
end
```

选择菜单 Solve 按钮（或鼠标右击 solve），得出如下所示求解报告：

```
Global optimal solution found.
```

```
Objective value:                          11280.00
Objective bound:                          11280.00
Infeasibilities:                          0.000000
Extended solver steps:                           0
Total solver iterations:                         7
Elapsed runtime seconds:                      0.11
Model is convex quadratic

Model Class:                                  PIQP

Variable              Value          Reduced Cost
      X1           50.00000             -2.651045
      X2           60.00000             -2.651045
      X3           70.00000             -2.651045
     Row    Slack or Surplus           Dual Price
       1           11280.00             -1.000000
       2           50.00000              0.000000
       3           40.00000              0.000000
       4           30.00000              0.000000
       5           10.00000              0.000000
       6           10.00000              0.000000
       7           0.000000             -80.65104
```

结果分析:生产计划为第一季度生产 50 台,余 10 台;第二季度生产 60 台,余 10 台;第三季度生产 70 台,无结余. 总费用为 11280 元,其中生产费用为 11200 元,储存费用为 80 元.

三、练习

1. 用 LINGO 软件求解二次规划问题:

$$\min z=(x_1-1)^2+(x_2-2)^2,$$

$$\text{s. t.}\begin{cases}x_2-x_1=1,\\x_1+x_2\leqslant 2,\\x_1,x_2\geqslant 0.\end{cases}$$

2. 用 LINGO 软件求解方程组:

$$\begin{cases} x_1^2+2x_2^2=22, \\ 3x_1-5x_2=-9. \end{cases}$$

3. 已知用机床加工产品 A，6 h 可以加工 100 箱；用机床加工产品 B，5 h 可以加工 100 箱. 设产品 A 和产品 B 每箱占用生产场地分别是 10 和 20 个体积单位，而生产场地(包括仓库)最多允许 15000 个体积单位的存储量. 如果机床每周加工时数不超过 60 h，产品 A 生产 x_1(百箱)的收益为 $(60-5x_1)x_1$ 元，产品 B 生产 x_2(百箱)的收益为 $(80-4x_2)x_2$ 元，又由于收购部门的限制，产品 A 的生产量每周不能超过 800 箱，试制定周生产计划，使机床生产获最大收益.

4. 某厂生产的一种产品有甲、乙两个牌号，现需要讨论在产销平衡的情况下如何确定各自的产量，使总的利润最大. 显然，销售总利润既取决于两种牌号产品的销量和(单件)价格，也依赖于产量和(单件)成本. 按照市场经济规律，甲的价格 p_1 会随其销量 x_1 的增长而降低，同时乙的销量 x_2 的增长也会使甲的价格稍微下降，因此可简单假设价格与销量呈线性关系，即 $p_1=b_1-a_{11}x_1-a_{12}x_2$；乙的价格 p_2 也遵循同样的规律，即 $p_2=b_2-a_{21}x_1-a_{22}x_2$. 假定 $b_1=100$，$a_{11}=1$，$a_{12}=0.1$，$b_2=280$，$a_{21}=0.2$，$a_{22}=2$；此外，假设工厂的生产能力有限，两种牌号产品的产量之和不可能超过 100 件，且甲的产量不可能超过乙的产量的两倍. 若甲、乙两个牌号单件生产成本分别是 $q_1=2$，$q_2=3$，求它们的产量 x_1，x_2 使总利润最大.

实验六　非线性规划

一、实验目的

了解非线性规划的基本内容，学会用 LINGO 软件对非线性规划问题求局部最优解和全局最优解.

二、实验内容

1. 理论知识

如果目标函数或约束条件中至少有一个是非线性函数时的最优化问题叫做非线性规划问题. 其一般形式为

$$\min f(\boldsymbol{X})$$

$$\text{s.t.} \begin{cases} g_i(\boldsymbol{X}) \geqslant 0,\ i=1,2,\cdots,m, \\ h_j(\boldsymbol{X})=0,\ j=1,2,\cdots,l, \end{cases}$$

其中 $\boldsymbol{X}=(x_1,x_2,\cdots,x_n)^{\mathrm{T}}\in E^n$，$f,g_i,h_j$ 是定义在 E^n 上的实值函数.

对于求目标函数的最大值或约束条件为小于等于零的情况，可通过取其相反数化为上述一般形式.

2. LINGO 的使用

求非线性规划模型时，直接运行 LINGO 程序求出的结果常为“Local Optimal Solution”，即局部最优解. 若求全局最优解，可打开全局求解器，在 LINGO 菜单栏“Solver”→“Options” →“Global Solver”→“Use Global Solver”前勾选.

例 1 用 LINGO 软件求解非线性规划问题：

$$\min z=\mathrm{e}^{x_1}(4x_1^2+2x_2^2+4x_1x_2+2x_2+1),$$

$$\text{s. t.}\begin{cases}x_1+x_2=0,\\1.5+x_1x_2-x_1-x_2\leqslant 0,\\-x_1x_2-10\leqslant 0.\end{cases}$$

在 LINGO 软件编辑窗口输入程序如下：

```
model:
min=@exp(x1)*(4*x1*x1+2*x2*x2+4*x1*x2+2*x2+1);
x1+x2=0;
1.5+x1*x2-x1-x2<=0;
-x1*x2-10<=0;
@free(x1);
@free(x2);
end
```

选择菜单 Solve 按钮（或鼠标右击 solve），得出如下所示求解报告：

```
Local optimal solution found.
Objective value:                          5.276853
Infeasibilities:                          0.000000
Extended solver steps:                           1
Bestmultistart solution found at step:           1
Total solver iterations:                         5
Elapsed runtime seconds:                      0.02

Model Class:                                   NLP

Variable              Value        Reduced Cost
X1                 1.224745            0.000000
```

```
X2              -1.224745              0.000000
Row        Slack or Surplus            Dual Price
1                5.276853             -1.000000
2                0.000000             -8.195991
3            0.7601244E-06             6.182082
4                8.499999              0.000000
```

结果解读：当 $x_1=1.224745$，$x_2=-1.224745$，得局部最优解 $z=5.276853$. 若勾选"全局最优解"，则可得 $z=1.156617$，$x_1=-3.162278$，$x_2=3.162278$.

例 2 用 LINGO 软件求解非线性规划问题：

$$\max z=\boldsymbol{c}^{\mathrm{T}}\boldsymbol{x}+\frac{1}{2}\boldsymbol{x}^{\mathrm{T}}\boldsymbol{Q}\boldsymbol{x},$$

$$\text{s. t.}\begin{cases}-1\leqslant x_1x_2+x_3x_4\leqslant 1,\\ -3\leqslant x_1+x_2+x_3+x_4\leqslant 2,\\ x_1,x_2,x_3,x_4\in\{-1,1\},\end{cases}$$

其中，$\boldsymbol{x}=(x_1,x_2,x_3,x_4)^{\mathrm{T}}$；$\boldsymbol{c}=(6,8,4,-2)^{\mathrm{T}}$；$\boldsymbol{Q}$ 是三对角矩阵，主对角线上元素全为-1，两条次对角线上元素全为 2.

在 LINGO 软件编辑窗口输入程序如下：

```
model:
sets:
set1/1..4/:c,x;
link(set1,set1):Q;
endsets
data:
c=6  8  4  -2;
Q=-1   2   0   0
   2  -1   2   0
   0   2  -1   2
   0   0   2  -1;
enddata      !数据段中可用计算段对 Q 赋值
             data:
             c=6 8 4 -2;
             @text()=@table(Q);      !将 Q 的系数以表格形式输出;
             enddata
             calc:
```

```
        @for(set1(i):@for(set1(j):@ifc(j#eq#i:Q(i,j)=-1;
        @else@ifc(j#eq#i-1#or#j#eq#i+1:Q(i,j)=2;
        @else Q(i,j)=0))));
        endcalc;
max=@sum(set1(i):x(i)*c(i))+0.5*@sum(link(i,j):x(i)*Q(i,j)*x(j));
@sum(set1(i):x(i))<=2;
-3<=@sum(set1(i):x(i));
-1<=x(1)*x(2)+x(3)*x(4);
x(1)*x(2)+x(3)*x(4)<=1;
@for(set1(i):@free(x(i)));
@for(set1(i):@abs(x(i))=1);
end
```

选择菜单 Solve 按钮(或鼠标右击 solve),得出如下所示求解报告:

```
Local optimal solution found.
Objective value:                              20.00000
Objective bound:                              20.00000
Infeasibilities:                              0.000000
Extended solver steps:                               0
Total solver iterations:                             5
Elapsed runtime seconds:                          0.06

Model Class:                                      MIQP

Variable           Value              Reduced Cost
    C(1)        6.000000                  0.000000
    C(2)        8.000000                  0.000000
    C(3)        4.000000                  0.000000
    C(4)       -2.000000                  0.000000
    X(1)        1.000000                  0.000000
    X(2)        1.000000                  0.000000
    X(3)        1.000000                  0.000000
    X(4)       -1.000000                  0.000000
```

结果解读:当 $x_1=1,x_2=1,x_3=1,x_4=-1$ 时,得到最优解 $z=20$.

例 3 某钢管零售商从钢管厂进货得到的原材料钢管长度都是 19 m,再按顾客要求切割出售.现一顾客需要50根4 m,10根5 m,20根6 m以及15根8 m的钢管,为了简化生产过程,规定所使用的切割模式种类不能超过3种,问如何下料所需钢管数最少?

第一步:假设$x_i(i=1,2,3)$表示按第i种模式切割的原料钢管数,$r_{1i},r_{2i},r_{3i},r_{4i}$表示第$i$种切割模式下每根原料钢管生产4 m,5 m,6 m和8 m长的钢管的数量.同时,为了表示下料模式的合理性,要求每根余料长度不超过3 m.

第二步:增加约束,缩小可行域.

钢管总根数下界:$\frac{4\times50+5\times10+6\times20+8\times15}{19}\approx26$.

钢管总根数上界:选择特殊方式切割,即将1根原料钢管切割成4根4 m钢管,共需13根原料钢管;切割成1根5 m和2根6 m钢管,共需10根原料钢管;切割成2根8 m钢管,需8根原料钢管.因此,总根数上界为31根.

第三步:构造该问题的数学模型为

$$\min z=x_1+x_2+x_3,$$

$$\text{s. t.}\begin{cases}r_{11}x_1+r_{12}x_2+r_{13}x_3\geqslant50,\\ r_{21}x_1+r_{22}x_2+r_{23}x_3\geqslant10,\\ r_{31}x_1+r_{32}x_2+r_{33}x_3\geqslant20,\\ r_{41}x_1+r_{42}x_2+r_{43}x_3\geqslant15,\\ 16\leqslant4r_{11}+5r_{21}+6r_{31}+8r_{41}\leqslant19,\\ 16\leqslant4r_{12}+5r_{22}+6r_{32}+8r_{42}\leqslant19,\\ 16\leqslant4r_{13}+5r_{23}+6r_{33}+8r_{43}\leqslant19,\\ 26\leqslant x_1+x_2+x_3\leqslant31,\\ x_i,r_{1i},r_{2i},r_{3i},r_{4i}(i=1,2,3)\text{为整数}.\end{cases}$$

在LINGO软件编辑窗口输入程序如下:

```
model:
sets:
needs/1..4/:length,num;
cuts/1..3/:x;
patt(needs,cuts):r;
endsets
data:
length=4,5,6,8;
num=50,10,20,15;
```

```
enddata
[obj]min=@sum(cuts(i):x(i));
@for(needs(i):@sum(cuts(j):x(j)*r(i,j))>num(i));
@for(cuts(j):@sum(needs(i):length(i)*r(i,j))<19);
@for(cuts(j):@sum(needs(i):length(i)*r(i,j))>16);
@sum(cuts(i):x(i))>26;
@sum(cuts(i):x(i))<31;
@for(cuts:@gin(x));
@for(patt:@gin(r));
end
```

选择菜单 Solve 按钮(或鼠标右击 solve),得出如下所示求解报告:

```
Local optimal solution found.
Objective value:                    28.00000
Objective bound:                    28.00000
Infeasibilities:                    0.000000
Extended solver steps:                    67
Total solver iterations:                2644
Elapsed runtime seconds:                0.88

Variable              Value        Reduced Cost
    X(1)           10.00000            1.000000
    X(2)           10.00000            1.000000
    X(3)           8.000000            1.000000
  R(1,1)           2.000000            0.000000
  R(1,2)           3.000000            0.000000
  R(1,3)           0.000000            0.000000
  R(2,1)           1.000000            0.000000
  R(2,2)           0.000000            0.000000
  R(2,3)           0.000000            0.000000
  R(3,1)           1.000000            0.000000
  R(3,2)           1.000000            0.000000
  R(3,3)           0.000000            0.000000
  R(4,1)           0.000000            0.000000
```

```
R(4,2)            0.000000           0.000000
R(4,3)            2.000000           0.000000
   Row       Slack or Surplus       Dual Price
   OBJ            28.00000          -1.000000
     2            0.000000           0.000000
     3            0.000000           0.000000
     4            0.000000           0.000000
     5            1.000000           0.000000
     6            1.000000           0.000000
     7            0.000000           0.000000
     8            3.000000           0.000000
     9            2.000000           0.000000
    10            3.000000           0.000000
    11            0.000000           0.000000
    12            2.000000           0.000000
    13            3.000000           0.000000
```

结果解读:按模式 1,每根原料钢管切割成 2 根 4 m,1 根 5 m 和 1 根 6 m 钢管,共 10 根;按模式 2,每根原料钢管切割成 3 根 4 m 和 1 根 6 m 钢管,共 10 根;按模式 3,每根原料钢管切割成 2 根 8 m 钢管,共 8 根. 钢管总根数为 28 根.

三、练习

1. 用 LINGO 软件求解下列非线性规划问题:

(1) $\min f=(x-8)^2+(y-8)^2$,

$$\text{s. t.}\begin{cases}(x-8)^2+(y-9)^2\leqslant 49,\\ x+y\leqslant 24,\\ x\geqslant 2,y\leqslant 13;\end{cases}$$

(2) $\max z=x^2y-xy^2$,

$$\text{s. t.}\begin{cases}x+y\leqslant 10,\\ x<2y,\\ x>0,y>0;\end{cases}$$

(3) $\min z=|x_1|+2|x_2|+3|x_3|+4|x_4|$,

$$\text{s. t.}\begin{cases}x_1-x_2-x_3+x_4=0,\\x_1-x_2+x_3-3x_4=1,\\x_1-x_2-2x_3+3x_4=-\dfrac{1}{2}.\end{cases}$$

2. 某公司有 6 个建筑工地要开工,工地的位置$(x_i,y_i)(i=1,2,\cdots,6)$(单位:km)和水泥日用量$a_i$(单位:t)由表 3.19 给出.公司目前有两个临时存放水泥的场地(简称料场),分别位于$A(5,1)$和$B(2,7)$,日存储量各 20 t.假设从料场到工地之间均有直线道路相连,试制定日运输计划,即从A,B两个料场分别向各工地送多少吨水泥,使总的吨·千米数最小.

表 3.19　各工地的位置和水泥日用量数据表

位置	工地					
	1	2	3	4	5	6
x_i	1.25	8.75	0.5	5.75	3	7.25
y_i	1.25	0.75	4.75	5	6.5	7.75
日用量 a_i	3	5	4	7	6	11

3. 设一个战略轰炸机群奉命携带A,B种型号的炸弹轰炸敌军的四个重要目标.为完成好此项任务,要求飞机的总耗油量不超过 2700 L,炸弹A和B都不超过 4 枚.已知飞机携带A型炸弹时每升油料可飞行 2 km,携带B型炸弹时每升油料可飞行 3 km,空载时每升油料可飞行 4 km,每次起降各耗油 100 L,又知每架飞机每次只能携带一枚炸弹,且有关参数如表 3.20 所示.问如何制定轰炸方案,可使摧毁目标的可能性最大?

表 3.20　有关参数表

目标	距离(km)	摧毁目标的可能性	
		A	B
Ⅰ	640	0.65	0.76
Ⅱ	850	0.50	0.70
Ⅲ	530	0.56	0.72
Ⅳ	720	0.68	0.66

实验七　LINGO与数学建模

一、实验目的

了解对复杂问题如何进行优化建模并用LINGO求解.

二、实验内容

1. 问题描述

已知市场上有 n 种资产 $s_i(i=1,2,\cdots,n)$可以选择，现用数额为 M 的相当大的资金进行一个时期的投资. 设这一时期内购买 s_i的平均收益率为 r_i，风险损失率为 q_i，且投资越分散，总的风险越少，而总体风险可用投资的 s_i中最大的一个风险来度量.

购买 s_i时要付交易费，费率为 p_i，且当购买额不超过给定值 u_i时，交易费按购买额 u_i计算. 另外，假定同期银行存款利率是 r_0，既无交易费又无风险($r_0=5\%$).

已知 $n=4$ 时相关数据如表3.21所示.

表3.21　投资的相关数据表

s_i	$r_i(\%)$	$q_i(\%)$	$p_i(\%)$	u_i(元)
s_1	28	2.5	1	103
s_2	21	1.5	2	198
s_3	23	5.5	4.5	52
s_4	25	2.6	6.5	40

试设计一种投资组合方案，即用给定资金 M 有选择地购买若干种资产或者存银行生息，使净收益尽可能大，而总体风险尽可能小.

2. 符号规定和基本假设

1) 符号规定

(1) s_i表示第 i 种投资项目($i=0,1,\cdots,n$)，如股票、债券等，其中 s_0指存入银行；

(2) r_i,p_i,q_i分别表示 s_i的平均收益率、交易费率、风险损失率($i=0,1,\cdots,n$)，其中 $p_0=0,q_0=0$；

(3) u_i表示 s_i的交易定额($i=0,1,\cdots,n$)；

(4) x_i表示投资项目 s_i的资金($i=0,1,\cdots,n$).

2）基本假设

（1）投资数额 M 相当大(为了便于 LINGO 计算,不妨取 $M=100000$)；

（2）投资越分散,总的风险越小；

（3）总体风险用投资项目 s_i 中最大的一个风险来度量；

（4）$n+1$ 种投资项目 s_i 之间是相互独立的；

（5）在投资期限内,r_i,p_i,q_i 为定值,不受意外因素影响；

（6）净收益和总体风险只受 r_i,p_i,q_i 影响,不受其他因素干扰.

3. 模型的建立与求解

（1）总体风险用所投资的 s_i 中最大的一个风险来衡量,即

$$\max\{q_i x_i \mid i=1,2,\cdots,n\}.$$

（2）购买 $s_i(i=0,1,\cdots,n)$ 所付交易费 $g_i(x_i)$ 是一个分段函数,即

$$g(x_i)=\begin{cases} p_i x_i, & x_i>u_i, \\ p_i u_i, & 0<x_i\leqslant u_i, \\ 0, & x_i=0; \end{cases}$$

而投资 s_i 的收益函数 $f_i(x_i)$ 也是一个分段函数,即

$$f_i(x_i)=\begin{cases} (r_i-p_i)x_i, & x_i>u_i, \\ r_i x_i-p_i u_i, & 0<x_i\leqslant u_i, \\ 0, & x_i=0. \end{cases}$$

（3）因为要使净收益尽可能大,而总体风险尽可能小,所以这是一个多目标规划模型.其中

$$\text{目标函数:}\begin{cases} \max z = r_0 x_0 + \sum_{i=1}^{n} f_i(x_i), \\ \min\left\{\max_{1\leqslant i\leqslant n}\{q_i x_i\}\right\}; \end{cases}$$

$$\text{约束条件:}\begin{cases} \sum_{i=0}^{n} x_i + \sum_{i=1}^{n} g_i(x_i) = M, \\ x_i \geqslant 0,\ i = 0,1,\cdots,n. \end{cases}$$

求解上述多目标规划模型时,可以把两个目标函数都极小化,然后加权处理.这里对风险和收益分别赋予权重 $s(0<s<1)$ 和 $1-s$,得到如下的非线性规划模型:

$$\min z = s\left\{\max_{1\leqslant i\leqslant n}\{q_i x_i\}\right\} + (1-s)\left[-\left(r_0 x_0 + \sum_{i=1}^{n} f_i(x_i)\right)\right],$$

$$\text{s. t.}\begin{cases} \sum_{i=0}^{n} x_i + \sum_{i=1}^{n} g_i(x_i) = M, \\ x_i \geqslant 0,\ i = 0,1,\cdots,n, \end{cases}$$

其中

$$g_i(x_i)=\begin{cases}p_i x_i, & x_i>u_i\\ p_i u_i, & 0<x_i\leqslant u_i,\\ 0, & x_i=0;\end{cases}\quad f_i(x_i)=\begin{cases}(r_i-p_i)x_i, & x_i>u_i,\\ r_i x_i-p_i u_i, & 0<x_i\leqslant u_i,\\ 0, & x_i=0.\end{cases}$$

当取 $s=0.5$，$M=100000$ 时，设计 LINGO 函数如下：

```
model:
sets:
num/1..4/:r,q,p,u,x,f,g;
endsets
data:
r,q,p,u= 28  2.5   1   103
         21  1.5   2   198
         23  5.5  4.5   52
         25  2.6  6.5  40;
r0=0.05;
enddata
calc:
@for(num:r=r/100;q=q/100;p=p/100);
endcalc
min=0.5*@max(num:q*x)-0.5*(r0*x0+@sum(num:f));
@for(num:f=(r*x-p*u)*@if(x#gt#0 #and#  x#le#u,1,0)+(r-p)*x*@if(x
#gt#u,1,0));
@for(num:g=p*u*@if(x#gt#0 #and#  x#le#u,1,0)+p*x*@if(x#gt#u,1,0));
@sum(num:x0+x+g)=100000;
end
```

选择菜单“Solver”→“Options”→“Global Solver”→“Use Global Solver”，得出如下所示全局最优解的求解报告：

```
Global optimal solution found.
Objective value:                              -12128.71
Objective bound:                              -12128.71
Infeasibilities:                               0.000000
Extended solver steps:                                1
Total solver iterations:                           5792
Elapsed runtime seconds:                           1.06
```

```
Model Class:                                         NLP

Total variables:                                      13
Nonlinear variables:                                   4
Integer variables:                                     0

Total constraints:                                    10
Nonlinear constraints:                                 9

Total nonzeros:                                       34
Nonlinear nonzeros:                                   12

Variable              Value            Reduced Cost
      R0        0.5000000E-01              0.000000
      X0             0.000000         -0.2500000E-01
    R(1)            0.2800000              0.000000
    R(2)            0.2100000              0.000000
    R(3)            0.2300000              0.000000
    R(4)            0.2500000              0.000000
    Q(1)        0.2500000E-01              0.000000
    Q(2)        0.1500000E-01              0.000000
    Q(3)        0.5500000E-01              0.000000
    Q(4)        0.2600000E-01              0.000000
    P(1)        0.1000000E-01              0.000000
    P(2)        0.2000000E-01              0.000000
    P(3)        0.4500000E-01              0.000000
    P(4)        0.6500000E-01              0.000000
    U(1)             103.0000              0.000000
    U(2)             198.0000              0.000000
    U(3)             52.00000              0.000000
    U(4)             40.00000              0.000000
    X(1)             99009.90              0.000000
    X(2)             0.000000              0.000000
    X(3)             0.000000              0.000000
```

```
X(4)          0.000000          0.000000
F(1)          26732.67         -0.500000
F(2)          0.000000         -0.500000
F(3)          0.000000         -0.500000
F(4)          0.000000         -0.500000
G(1)          990.0990          0.000000
G(2)          0.000000          0.000000
G(3)          0.000000          0.000000
G(4)          0.000000          0.000000
 Row      Slack or Surplus      Dual Price
   1         -12128.71         -1.000000
   2          0.000000          0.000000
   3          0.000000          0.000000
   4          0.000000          0.000000
   5          0.000000          0.000000
   6          0.000000          0.000000
   7          0.000000          0.000000
   8          0.000000          0.000000
   9          0.000000          0.000000
  10          0.000000          0.000000
```

结果解读:100000元的投资分配方案为$x_1=99009.9$元,$x_0=x_2=x_3=x_4=0$;目标函数的最小值为-12128.71元,其中收益为26732.67元,风险为2475.24元,即$x_1 \cdot q_1=99009.9\times0.025=2475.24$(元).

三、练习

1. 已知某公司生产A,B,C三种产品,售价分别是12元,7元和6元,且生产每件产品A需要1 h技术服务,10 h直接劳动,3 kg材料;生产每件产品B需要2 h技术服务,4 h直接劳动,2 kg材料;生产每件产品C需要1 h技术服务,5 h直接劳动,1 kg材料.现最多能提供100 h技术服务,700 h直接劳动,400 kg材料,又已知生产成本是非线性函数(如表3.22所示),要求建立一个总利润最大的数学模型并用LINGO软件求解.

表 3.22　成本数据表

产品 A（件）	成本（元/件）	产品 B（件）	成本（元/件）	产品 C（件）	成本（元/件）
0～40 41～100 101～150 150 以上	10 9 8 7	0～50 51～100 100 以上	6 4 3	0～100 100 以上	5 4

2. 已知有 10 种不同的零件，它们都可在设备 A,B,C 上加工，且单件加工费用如表 3.23 所示. 又只要有零件在设备 A,B,C 上加工，不管加工 1 个或多个，分别发生的一次性准备费用为 120，132，125. 有如下要求：上述 10 种零件每种加工 1 件；若第 1 种零件在设备 A 上加工，则第 2 种零件应在设备 B 或 C 上加工，反之若第 1 种零件在设备 B 或 C 上加工，则第 2 种零件应在设备 A 上加工；零件 3，4，5 分别在 A,B,C 三台设备上加工；设备 C 上加工的零件种数不超过 3 种. 试建立一个总费用最小的数学模型并用 LINGO 软件求解.

表 3.23　不同零件的单件加工费用表

设备	零件									
	1	2	3	4	5	6	7	8	9	10
A	5	8	5	6	9	7	3	4	11	10
B	4	4	8	4	6	5	5	7	9	11
C	7	9	3	7	10	8	4	6	12	9

本章参考文献

[1] 司守奎，孙玺菁. LINGO 软件及应用. 北京：国防工业出版社，2017.

[2] 胡运权，郭耀煌. 运筹学教程. 4 版. 北京：清华大学出版社，2012.

[3] 谢金星，薛毅. 优化建模与 LINDO/LINGO 软件. 北京：清华大学出版社，2005.

[4] 姜启源，谢金星，叶俊. 数学模型. 4 版. 北京：高等教育出版社，2011.

第四章　Python 软件实验

实验一　Python 软件的安装

一、实验目的

了解 Python 软件，掌握 Python 软件的安装.

二、实验内容

1. Python 初识

Python 是一种面向对象的解释性的计算机程序设计语言，也是一种功能强大而完善的通用型语言. 经过多年的发展，其成熟且稳定. Python 具有脚本语言中最丰富和强大的类库，拥有高效的数据结构，并且能够用简单而有效的方式进行面向对象编程. Python 清晰的语法和动态类型，再结合它的解释性，使其能够在大多数平台的多种领域成为编写脚本或开发应用程序的理想语言. Python 最大的特点是免费开源，可以自由发布软件的拷贝、阅读源代码、改动源代码，并把它的一部分用于新的自由软件开发. 目前在编程语言的排名中，Python 在统计领域、AI 编程、脚本、编写系统测试方面均是第一. 除此之外，Python 还在 Web 编程和科学计算方面处于领先地位.

2. Python 安装

由于 Python 本身的开发环境比较简单，使用者一般会借助 IDE（Integrated Development Environment，即集成开发环境）进行程序编写. 选择 IDE 没有统一的标准，遵从个人习惯就是最好的. 较常用的 IDE 有 WingIDE，PyCharm，Spyder，Vim 等. 其中，Spyder 是 Python 的一个简单的集成开发环境，和其他的 Python 开发环境相比，Spyder 最大的优点就是模仿 MATLAB 中"工作空间"的功能，可以很方便地观察和修改数组的值. 最有名的是 Anaconda 软件自带的 Spyder，它能给数据分析带来极大的便利. 读者可以访问网站 https://www.anaconda.com/，在该网站的页面中有下载 Anaconda 的链接，可根据所使用的系统选择适合 Windows，

MacOS 或者 Linux 的版本下载(见图 4.1). 需要注意的是,每种系统中都分别有 Python 3 版本和 Python 2 版本. Python 3 和 Python 2 有相似之处,但不是兼容关系,本章实验都是基于 Python 3 版本实现,所以要实现相关程序需要安装适合系统的 Python 3. 下载完毕后,就可以按照相关的引导说明进行安装.

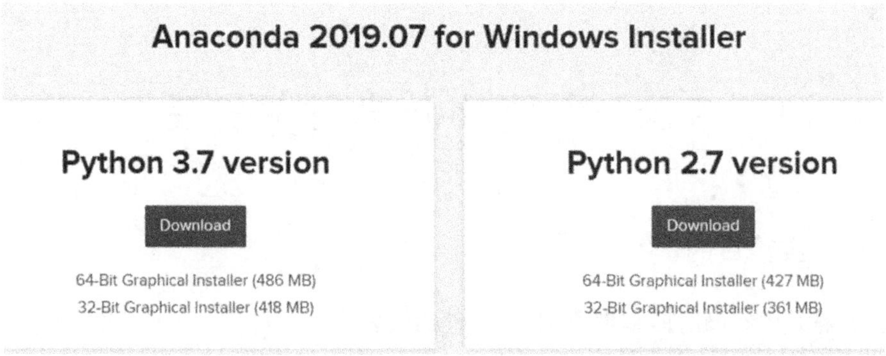

Anaconda 2019.07 for Windows Installer

Python 3.7 version

Download

64-Bit Graphical Installer (486 MB)

32-Bit Graphical Installer (418 MB)

Python 2.7 version

Download

64-Bit Graphical Installer (427 MB)

32-Bit Graphical Installer (361 MB)

图 4.1

三、练习

1. 说明 Python 软件的特点,并与其他类似软件进行比较.
2. 解释 Python 2 与 Python 3 二者的区别.
3. 在个人电脑上安装 Python 3 软件,并验证是否安装成功.
4. 在个人电脑上安装适合自己的 IDE 软件.

实验二　Python 实用模块介绍

一、实验目的

掌握 Python 模块的相关内容以及模块的安装和使用.

二、实验内容

1. 模块的概念

在编程过程中,随着程序代码数量的增加,程序越来越难维护. 为了解决这个问题,有经验的代码编写者经常将很多函数分割成多个有组织的、彼此独立但又能互相交互的子代码以实现不同的功能. 这些代码分别放到不同的文件里，一个主要的编程代码可以调用其他的代码文件，这样就不至于让一个代码非常长. 很多编程语言就是采用这种方式组织代码的. 在 Python 中，为了提高代码的可维护性，采用 .py 的文件以实现特定的功能，称之为一个模块（Module）. 使用模块后，编写代码不必从零开始，并且当一个模块编写完毕，也可以被其他地方引用. Python 模块一般分为 Python 标准库、第三方模块、应用程序自定义模块. 我们也可以这样理解：模块就好比是工具包，要想使用这个工具包中的工具（比如函数），就需要先导入这个工具包. 比如在 Python 中，必须用 import 关键字先引入 math 模块，之后才能用 sqrt 函数.

可以按下面的语法导入模块：

(1) import module1，module2，module3：导入搜索路径下的多个模块（有时建议分开，一个接一个导入）；

(2) from module1 import * ：导入指定模块中的全部方法；

(3) from module1 import method1，method2：导入指定模块的多个方法；

(4) from module1 import method1 as mth1：导入指定模块并命名为 mth1.

为方便起见，一般要给方法起别名，以防冲突.

调用函数时，必须指明是哪个模块中的函数. 比如，在调用 math 模块中的函数时，正确的引用是“模块名. 函数名”. 因为可能存在这样一种情况：在多个模块中含有相同名称的函数，此时如果只通过函数名来调用，解释器无法知道到底要调用哪个模块中的函数. 例如：

```
import math
print(sqrt(4))       #程序会报错,因为没指定模块
print(math.sqrt(4))      #指定 math 模块中的 sqrt 函数,程序正确执行
```

2. NumPy 模块

NumPy 是 Numerical Python 的简称，是 Python 进行科学计算的基础模块. 其语法与 MATLAB 有很多相似之处，支持高维数组和矩阵运算，包括数学运算、逻辑运算、排序、选择、I/O、离散傅里叶变换、基本线性代数运算、基本统计运算、随机模拟等等.

Python 本身也包含数学/科学的运算，但是在数据量巨大时，使用 NumPy 进行高级数据运算和其他类型的操作时，比使用 Python 的内置函数更有效，执行代码更少. 越来越多用于数学/科学计算的 Python 模块使用了 NumPy，虽然这些第三方模块也留有 Python 内置序列的输入接口，但是实际上在处理这些输入前还是要转成 NumPy 数组，并且这些库的输出一般也是 NumPy 数组. 换句话说，为了更好的使用当今大多数（甚至是绝大多数）用于数学/科学的 Python 模块，仅仅知道

Python 本身内置的数学/科学运算是不够的.

例 1 导入 NumPy 模块.

语法如下：

```
import numpy as np      #导入 NumPy 模块,后续程序中用 np 缩略表示
```

3. Pandas 模块

Pandas 是基于 NumPy 的一种工具,是 Python 的一个数据分析包. Pandas 的名称来自于面板数据(Panel Data)和 Python 数据分析(Data Analysis),最初被作为金融数据分析工具而开发出来,为时间序列分析提供了很好的支持. Pandas 包含大量库和一些标准的数据模型,提供了高效的操作大型数据集所需的工具,能够快速便捷地处理数据,因此它是使 Python 成为强大而高效的数据分析环境的重要因素之一.

例 2 导入 Pandas 模块.

语法如下：

```
import pandas as pd      #导入 Pandas 模块,后续程序中用 pd 缩略表示
```

4. SciPy 模块

SciPy 是基于 NumPy 构建的一个高级科学计算包,是 Python 的核心模块. 通过给用户提供一些高层的命令和类,比如数值积分、插值运算、优化算法、数理统计、信号处理以及图像处理功能等,SciPy 在 Python 交互式会话中大大增加了操作和可视化数据的能力. 通过 SciPy,Python 的交互式会话变成了一个数据处理和一个 System-Prototyping 环境,足以和 MATLAB 抗衡.

例 3 导入 SciPy. stats 模块中的 mode 方法.

语法如下：

```
from scipy.stats import mode
```

5. Matplotlib 模块

Matplotlib 是 Python 2D 绘图库,可与 NumPy 一起使用,并且提供了一种有效的 MATLAB 开源替代方案. Matplotlib 只需几行代码即可生成直方图、功率谱、条形图、散点图等.

为了绘图的简单和方便,Matplotlib 中的 pyplot 模块提供了类似于 MATLAB 的界面,特别是与 IPython 结合使用时. 对于高级用户而言,可以通过面向对象的界面或 MATLAB 用户熟悉的一组函数完全控制线条样式、字体属性、轴属性等.

例 4 从 Matplotlib 模块中导入 pyplot 作图模块,并以 plt 名字引用.

语法如下：

```
from matplotlib import pyplot as plt
```

6. scikit-learn 模块

scikit-learn(简记为 sklearn)是用 Python 实现的机器学习算法的模块,可以实现数据预处理、分类、回归、降维、模型选择等常用的机器学习算法,并且 sklearn 的使用是基于 NumPy,SciPy,Matplotlib 的.

例 5　导入 sklearn 数据库中具体的数据.

语法如下:

```
from sklearn.datasets import load_iris
```

7. 其他 Python 常用模块

除了以上数据分析模块,Python 还带有非常多的其他方面应用的模块,比如游戏开发、网页制作、网络爬虫、图形界面设计等方面都有相应的模块可以使用,这些模块给使用者提供了极大的方便.

三、练习

1. 在个人电脑上安装 Python 的 NumPy,Pandas 等模块.

2. 在 Python 编程中导入 NumPy,Pandas 等模块以及模块下的函数.

3. 说明 Python 的 NumPy,Pandas 等模块的相关功能以及不同模块所擅长的领域.

实验三　Python 基础操作

一、实验目的

掌握 Python 语言的基本操作和基本语法.

二、实验内容

Python 是强大且易学的编程语言,能够用简单、高效的方式进行面向对象编程,而其优雅的语法和动态类型,再结合它的解释性,使得在大多数平台的许多领域成为编写脚本或开发应用程序的理想语言.本实验以 Python3 为基础进行说明,如果想要重现下面的例子,只需要在解释器的提示符(>>>)后输入那些不包含提示符的代码行.

Python 中的注释以#字符开头,直至实际的行尾.注释可以从行首开始,也可以在空白处或者代码之后,但不得出现在字符串中.文本字符串中的#字符仅仅表示#. 代码中的注释不会被 Python 解释,不会被执行.

1. 常用操作

1) 计算器运算

解释器就像一个简单的计算器,可以向其输入一些表达式,它会给出返回值.

例 1 简单计算.

在 Python 软件编辑窗口输入程序如下:

```
>>>2+8
10
>>>(18-5*4)/2
-1
```

其他的数学运算 Python 也能轻松实现,具体运算操作符号如表 4.1 所示.

表 4.1 Python 运算符号

运算符号	功能	运算符号	功能
+	加	%	取余
-	减	//	取模
*	乘	**	幂运算
/	除		

2) 数据类型和变量

关于数据类型的定义,Python 和其他软件类似. 例如,整数(10,5,20)的类型是 int;带有小数的数字(5.3,9.8)的类型是 float. 除了 int 和 float,Python 还支持其他数字类型,例如十进制数和分数. Python 支持构建复数,使用后缀 j 或 J 表示虚数部分(例如 3+5j). 对于布尔型数据,用"True"表示真,"False"表示假,布尔值也可以用 and,or,not 进行运算.

当运算过程中要反复用到某些数值时,可以先将这些数值用变量的形式进行赋值以便反复使用. 赋值的符号是"=".

例 2 变量赋值与运算.

在 Python 软件编辑窗口输入程序如下:

```
>>>weight=20
>>>height=5*9
>>>weight*height
900
```

在对 Python 的变量使用过程中,要注意以下变量名的命名规则:

(1) 变量名的长度不受限制,但字符必须是字母、数字或者下划线_(不能以数字开头),且不能使用空格、连字符、标点符号以及其他字符;

(2) Python 区分大小写;

(3) 不能将 Python 关键字用作变量名.

Python 中 NumPy 模块提供了数学函数的计算,相关函数名和功能如表 4.2 所示.

表 4.2 数学函数及其功能

函数名	功能
abs(x)	求 x 的绝对值
ceil(x)	求不小于 x 的最小整数
floor(x)	求不大于 x 的最大整数
exp(x)	求 e 的 x 次幂
log(x)	求以 e 为底的对数
max(x)	求数组 x 中的最大值
min(x)	求数组 x 中的最小值
sin(x)	求正弦函数的值(其他三角函数类似命令)
asin(x)	求反正弦函数的值(其他反三角函数类似命令)

例如:

```
>>>import numpy as np
>>>x_value=np.array([1,2,3])
>>>x_max=print(np.sin(max(x_value)))
```

上例说明,函数可以嵌套,上一个函数运算的结果可以作为其后一个函数的输入;函数运算都能在向量、矩阵等数据结构下进行;显示 Python 计算结果需要通过命令 print()实现.

2. 列表

Python 内置的一种数据类型是列表(list),它是一种有序的集合,可以随时添加和删除其中的元素. 比如,列出公司中员工的名字就可以用一个列表表示:

```
>>>staff=['Mike','Jarry','Bob']
```

如果一个列表中元素较多,可以用 len()函数计算列表中元素个数. 例如:

```
>>>len(staff)
3
```

用索引的方式来访问列表中对应位置的元素,方法与 MATLAB 类似,但要注意的是列表的索引从 0 开始. 例如:

```
>>>staff[0]
```

```
'Mike'
```

Python 采用负号表示倒数. 例如：

```
>>>staff[-1]
'Bob'
```

表示取倒数第 1 个元素. 以此类推，可以获得倒数第 2 个元素、倒数第 3 个元素.

列表中的元素是可变的，可以采用 append()命令在列表末尾追加元素，还可以用 insert()命令在列表指定位置添加元素，以及用 pop()命令删除列表指定位置的元素.

常用的列表命令如表 4.3 所示.

表 4.3　列表相关命令及其功能

命令	功能
append()	在列表最后(末尾)添加一个元素
clear()	删除列表中的所有元素
copy()	复制列表中的所有元素，生成新列表
count()	统计列表中相关元素出现的次数
extend()	在列表末尾添加一个列表
index()	得到列表中第一次出现相关元素的位置
insert()	在列表相应位置添加元素
pop()	将列表中相关位置的元素删除
remove()	将列表中出现的第一个相关元素删除
reverse()	将列表中的元素反转
sort()	将列表中的同类元素按大小进行排序(默认从小到大排序)

3. 流程控制

1) if 语句

if 是判断语句，语法如下：

```
if 判断:
    执行的命令
elif 判断:
    执行的命令
else:
    执行的命令
```

例 3　计算分段函数

$$f(x)=\begin{cases}0, & x<0,\\ 3x-1, & 0\leqslant x<1,\\ 2\sin x, & 1\leqslant x<5,\\ 1, & x\geqslant 5\end{cases}$$

在 x 处的函数值.

在 Python 软件编辑窗口输入程序如下：

```
import numpy as np
x_value=float(input('请输入 x 的值:'))
if x_value<0:
    print('函数值为:%d'%0)
elif x_value>=0 and x_value<1:
    f_value=3*x_value-1
    print('函数值为:%-2.3f'%f_value)
elif x_value>=1 and x_value<5:
    f_value=2*np.sin(x_value)
    print('函数值为:%-2.3f'% f_value)
else:
    print('函数值为:%d'%1)
```

2) for 循环

for 循环的语法如下：

```
for 变量 in 序列:
    执行命令
else:
    执行命令
```

例 4　for 循环与 if 判断相结合.

在 Python 软件编辑窗口输入程序如下：

```
real_key=123456
s=0
for k in [1,2,3]:
    input_key=int(input("请输入密码:"))
    s=s+1
        if input_key==real_key:
        print("密码正确")
```

```
    break
else:
    print("密码错误")
        if s==3:
        print('输入次数已到三次')
    break
```

3）while 循环

while 可以执行无限循环，语法如下：

```
while 判断条件：
    语句
```

例 5 计算 1～100 的连加和.

在 Python 软件编辑窗口输入程序如下：

```
n=100
sum=0
count=1
while count<=n:
    sum=sum+count
    count+=1
print('1 到%d 之和为:%d'%(n,sum))
```

三、练习

1. 输入任意 x,y 的值，计算函数 $f(x,y)=\sin(xy)\cos(y/x)$ 的值.
2. 采用牛顿迭代法计算 $f(x)=2x^2+7x-19$ 的最小值.
3. 随机生成 6×6 大小的矩阵，并进行奇异值分解.
4. 随机生成 8×8 大小的矩阵，分别计算该矩阵的 F 范数、1-范数、0-范数、无穷范数.
5. 编写输入任何一个年份，输出二月份天数的程序.
6. 编写输出九九乘法公式表的程序.

实验四 数据降维及压缩

一、实验目的

掌握数据降维与压缩原理,并用 Python 实现数据降维及压缩.

二、实验内容

数据的形式多种多样,维数也各不相同.如果数据维数较高,会给存储、分类等带来困难,而数据降维可以减轻维数灾难和高维空间中其他的不相关属性.所谓数据降维是指通过线性或非线性映射将样本从高维空间映射到低维空间,从而获得高维数据的一个有意义的低维表示的过程.

目前相关研究人员已提出许多降维方法,如主成分分析、多维尺度分析、流形学习、局部嵌入等.对现有的降维算法,可分为线性和非线性的方法;从算法执行的过程又可分为基于特征求解的方法和迭代方法.本实验主要介绍经典的降维方法.

1. 主成分分析

考虑到数据之间具有相关性,主成分分析(PCA)的主要思想是将 n 维特征映射到 k 维空间,将多维相关数据变换为低维数据,并且保证这些低维数据之间的正交性.这些低维变量也称为特征或主成分,它们能够反映原始数据的大部分信息.

在 Python 中可以基于 NumPy 实现 PCA 算法,但在实际中一般直接采用成熟的包,本实验即采用 sklearn 中 PCA 的包来实现.

(1) 主要函数

主成分分析算法的主要函数为

```
decomposition.PCA(n_components=None,copy=True,whiten=False)
```

①n_components

类型:int 或者 string.赋值为 int,比如 n_components=2,将把原始数据降到二维;赋值为 string,比如 n_components='mle',将自动选取特征个数 n,使得满足所要求的方差百分比.

意义:PCA 算法中保留的主成分个数.

②copy

类型:bool,True 或者 False,缺省时默认为 True.

意义:表示是否在运行算法时将原始训练数据复制一份.如果为 True,则运行

PCA算法后,原始训练数据的值不会有任何改变;如果为False,则运行PCA算法后,原始训练数据的值会改变.

③whiten

类型:bool,缺省时默认为False.

意义:白化,使得每个特征具有相同的方差.

(2) PCA对象的属性

①components_:返回具有最大方差的成分;

②explained_variance_ratio_:返回所保留的n个成分各自的方差百分比;

③n_components_:返回所保留的成分个数n;

④mean_:返回类的均值;

⑤noise_variance_:返回噪声方差的估计.

(3) PCA对象的方法

①fit(X,y=None):表示用数据X来训练PCA模型.函数返回值为调用fit方法的对象本身.比如pca.fit(X),表示用X对pca这个对象进行训练.

②fit_transform(X):用X来训练PCA模型,同时返回降维后的数据.如

```
newX= pca.fit_transform(X)
```

其中,newX就是降维后的数据.

③inverse_transform():将降维后的数据转换成原始数据.如

```
X= pca.inverse_transform(newX)
```

除此以外,还有get_covariance(),get_precision(),get_params(deep=True),score(X,y=None)等方法.

2. 奇异值分解

奇异值分解(SVD)在机器学习中是常用的矩阵分解算法,通过SVD可以提取矩阵重要的特征.

对于任意矩阵$\boldsymbol{A}$,总存在奇异值分解

$$\boldsymbol{A}=\boldsymbol{U\Sigma V}^{\mathrm{T}},$$

其中,矩阵$\boldsymbol{\Sigma}$是由奇异值构成的对角矩阵,奇异值按从大到小的顺序排列,且数值减小得非常快.在很多情况下,前10%甚至1%的奇异值就占有90%以上的信息,剩下的90%甚至99%的奇异值几乎没什么作用.因此,可以用前r个较大的奇异值来近似原矩阵,即

$$\boldsymbol{A}\approx\boldsymbol{U}_{m\times r}\boldsymbol{\Sigma}_{r\times r}\boldsymbol{V}_{r\times n}^{\mathrm{T}},$$

其中,r一般是远小于m和n的数.若r的值越大,则$\boldsymbol{U}_{m\times r}\boldsymbol{\Sigma}_{r\times r}\boldsymbol{V}_{r\times n}^{\mathrm{T}}$计算的结果越接近矩阵$\boldsymbol{A}$.

从计算机存储的角度来讲,在较小的恢复误差的情况下,对较小的r,奇异值分

解能够大大降低存储量. 采用 NumPy 和 sklearn 都能实现 SVD 分解，下面我们以 NumPy 为例进行介绍.

在 NumPy 中实现 SVD 的函数为

```
linalg.svd(X, full_matrices=True, compute_uv=True)
```

(1) 参数说明

①X：大小为 $m\times n$ 的矩阵.

②full_matrices：为 bool 型，默认值为 True，这时 $\boldsymbol{U}$ 的大小为 $m\times n$，$\boldsymbol{V}$ 的大小为 $n\times n$. 否则 $\boldsymbol{U}$ 的大小为 $m\times k$，$\boldsymbol{V}$ 的大小为 $k\times n$，其中 $k=\min\{m,n\}$.

③compute_uv：为 bool 型，默认值为 True，表示计算 $\boldsymbol{U},\boldsymbol{\Sigma},\boldsymbol{V}$，否则只计算 $\boldsymbol{\Sigma}$.

(2) 返回值

总共有 $\boldsymbol{U},\boldsymbol{\Sigma},\boldsymbol{V}$ 三个返回值，其中 $\boldsymbol{\Sigma}$ 是由矩阵 $\boldsymbol{X}$ 的奇异值构成的对角矩阵.

例 1(主成分分析(PCA)实例)　以 scikit-learn 自带的数据集为例，说明 PCA 的分类方法.

在 Python 软件编辑窗口输入程序如下：

```
import numpy as np
import matplotlib.pyplot as plt
from sklearn importdatasets,decomposition
iris=datasets.load_iris()        #使用 scikit-learn 自带的 iris 数据集
X,y=iris.data,iris.target
pca=decomposition.PCA(n_components=2)  #使用默认的 n_components
pca.fit(X)
print('explained variance ratio:%s'%str(pca.explained_variance_ra-
tio_))
X_r=pca.transform(X)      #原始数据集转换到二维
######绘制二维数据########
fig=plt.figure()
ax=fig.add_subplot(1,1,1)
colors=((1,0,0),(0,1,0),(0,0,1),(0.5,0.5,0),(0,0.5,0.5),(0.5,0,0.5),
(0.4,0.6,0),(0.6,0.4,0),(0,0.6,0.4),(0.5,0.3,0.2),)
#颜色集合,不同标记的样本染不同的颜色
for label,color in zip(np.unique(y),colors):
    position=y==label
    ax.scatter(X_r[position,0],X_r[position,1],label="target=%d"
%label,color=color)
```

```
ax.set_xlabel("X[0]")
ax.set_ylabel("Y[0]")
ax.legend(loc="best")
ax.set_title("PCA")
plt.show()
```

输出结果如图 4.2 所示.

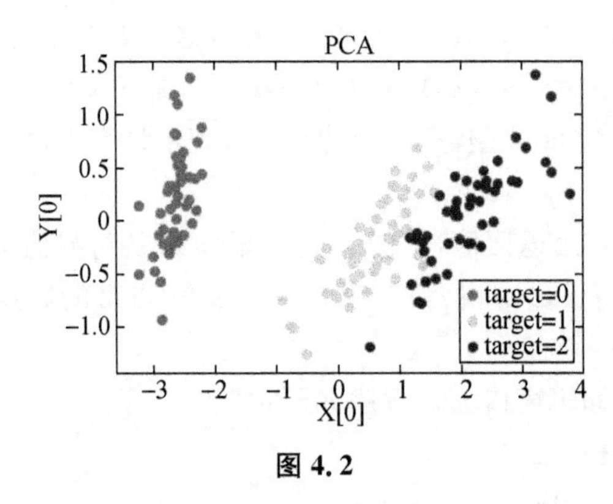

图 4.2

例 2 使用奇异值分解进行图像压缩.

在 Python 软件编辑窗口输入程序如下：

```
from PIL import Image
import numpy as np
import matplotlib.pyplot as plt
import matplotlib.image as mpimg
def get_approx_matrix(u,sigma,v,rank):
    #rank表示截断式SVD保留的奇异值个数
    m=len(u)
    n=len(v)
    a=np.zeros((m,n))
    k=0
    while k<rank:
        uk=u[:,k].reshape(m,1)
        vk=v[k].reshape(1,n)
        a+=sigma[k]*np.dot(uk,vk)
        k+=1
    a[a<0]=0
```

```
    a[a>255]=255
    return a.astype("uint8")
def get_svd_image(file_path):
    img=Image.open(file_path,'r')
    a=np.array(img)
    u0,sigma0,v0=np.linalg.svd(a[:,:,0])
    u1,sigma1,v1=np.linalg.svd(a[:,:,1])
    u2,sigma2,v2=np.linalg.svd(a[:,:,2])
    for rank in np.arange(5,50,5):
        red_matrix=get_approx_matrix(u0,sigma0,v0,rank)
        green_matrix=get_approx_matrix(u1,sigma1,v1,rank)
        blue_matrix=get_approx_matrix(u2,sigma2,v2,rank)
        I=np.stack((red_matrix,green_matrix,blue_matrix),2)
        plt.figure(figsize=(50,50))
        ax=plt.subplot(3,3,rank/5)
        ax.imshow(I)
        ax.set_title("Rank="+str(rank))
        ax.set_axis_off()
get_svd_image("..\data\monkey.jpg")
plt.show()
```

输出结果如图 4.3 所示.

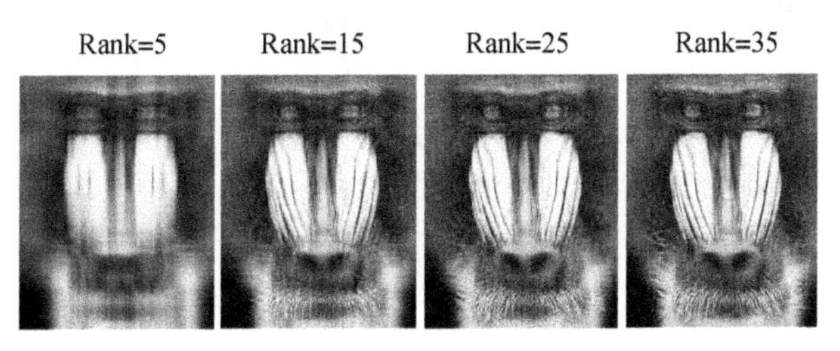

图 4.3

三、练习

1. 解释 NumPy 与 scikit-learn 中 PCA 方法实现的不同之处.
2. 采用 scikit-learn 中 PCA 方法并仿照例 1 实现 PCA 的数据降维与复原.

3. 说明主成分分析与奇异值分解之间的关系，并用 Python 软件实现矩阵奇异值分解.

4. 说明数据压缩的含义并用图像数据实现.（提示：采用奇异值分解方法）

实验五　数据的分类与预测

一、实验目的

掌握采用 Python 软件实现数据分类与预测的方法.

二、实验内容

1. 回归分析

回归分析的基本思想和方法以及“回归”（Regression）名称的由来归功于英国统计学家 F. 高尔顿. 回归分析（Regression Analysis）是研究一个变量（被解释变量）关于另一个（些）变量（解释变量）的具体依赖关系的计算方法和理论，是数学建模和数据分析的重要工具，运用十分广泛. 回归分析按照涉及的变量的多少，可分为一元回归分析和多元回归分析；按照自变量和因变量之间的关系类型，可分为线性回归分析和非线性回归分析；按照回归作用，可分为预测型回归分析和分类型回归分析.

1）线性回归

线性回归使用最佳的拟合直线在因变量（$\boldsymbol{y}$）和一个或多个自变量（$\boldsymbol{X}$）之间建立一种关系，并用一个方程表示，即

$$\boldsymbol{y}=\boldsymbol{X\beta}+\boldsymbol{\varepsilon}.$$

其中，$\boldsymbol{y}\in\mathbf{R}^{n\times 1}$ 表示响应变量，$\boldsymbol{X}\in\mathbf{R}^{n\times p}$ 为观察矩阵，$\boldsymbol{\beta}\in\mathbf{R}^{p\times 1}$ 表示回归系数向量，$\boldsymbol{\varepsilon}\in\mathbf{R}^{n\times 1}$ 表示回归误差.

设 $\hat{\boldsymbol{y}}=\boldsymbol{X}\hat{\boldsymbol{\beta}}$ 表示回归的预测值，可采用适当的目标函数求出回归系数. 例如，可以采用预测值和实际值之间的差值的平方和达到最小为目标函数，即

$$\mathrm{MSE}=\frac{1}{n}\|\hat{\boldsymbol{y}}-\boldsymbol{y}\|_2^2,$$

通过对 MSE 关于变量 $\boldsymbol{\beta}$ 求导，解方程 $2\boldsymbol{X}^{\mathrm{T}}\boldsymbol{X\beta}-2\boldsymbol{X}^{\mathrm{T}}\boldsymbol{y}=\mathbf{0}$ 得到回归系数

$$\boldsymbol{\beta}=(\boldsymbol{X}^{\mathrm{T}}\boldsymbol{X})^{-1}\boldsymbol{X}^{\mathrm{T}}\boldsymbol{y}.$$

例 1　一元回归分析.

在 Python 软件编辑窗口输入程序如下：

```
import matplotlib.pyplot as plt
import seaborn as sns
import numpy as np
from sklearn.linear_model import LinearRegression
sns.set()
rng=np.random.RandomState(1)
x=10*rng.rand(50)
y=2*x-5+rng.randn(50)
Linreg=LinearRegression(fit_intercept=True)
Linreg.fit(x[:,np.newaxis],y)
xfit=np.linspace(0,10,1000)
yfit=Linreg.predict(xfit[:,np.newaxis])
print ('斜率:%0.3f'%Linreg.coef_[0])
print ('截距:%0.3f'%Linreg.intercept_)
plt.scatter(x,y,color='b')
plt.plot(xfit,yfit,color='r')
plt.show()
```

输出结果如图 4.4 所示.

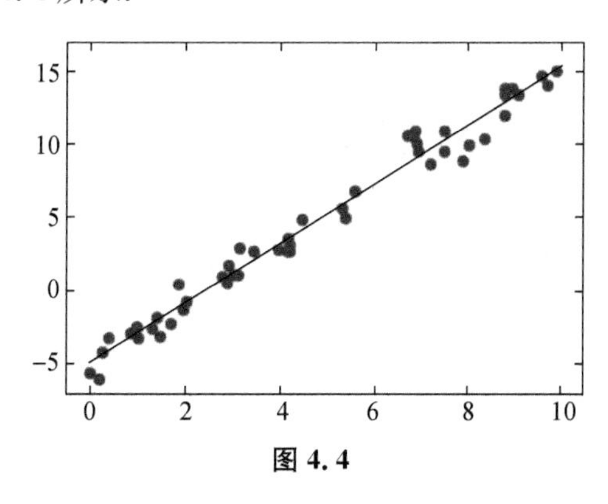

图 4.4

2）逻辑回归

逻辑回归(Logistics Regression)虽然属于线性回归算法，但是其响应变量值只有 1(True)和 0(False)两种，这也是逻辑回归名称的由来. 逻辑回归是用于数据分类的模型，也是一种常用的回归分类方法.

在 scikit-learn 中，与逻辑回归有关的函数主要有 LogisticRegression，LogisticRegressionCV 和 logistic_regression_path. 其中，LogisticRegression 和 LogisticRegressionCV 的主要区别是 LogisticRegressionCV 使用了交叉验证来选择正则化系数 C，而 LogisticRegression 需要自己每次指定一个正则化系数，除此以外，它们的使用方法基本相同. 本实验以 LogisticRegression 为例.

LogisticRegression 回归模型在 Sklearn. linear_model 子类下，调用 sklearn 逻辑回归算法步骤比较简单，其函数为

```
LogisticRegression(penalty='l2',dual=False,tol=0.0001,C=1.0,
fit_intercept=True,intercept_scaling=1,class_weight=None,random_
state=None,solver='liblinear',max_iter=100,multi_class='ovr',
verbose=0,warm_start=False,n_jobs=1)
```

(1) 参数说明

①penalty：选择正则化策略，有‘l2’和‘l1’可选.

②dual：一个 bool 型. 如果为 True，则求解对偶形式(只是在 penalty=‘l2’且 solver=‘liblinear’时有对偶形式)；如果为 False，则求解原始形式.

③C：指定了惩罚系数，且值越小，则正则化越大.

④fit_intercept：一个 bool 型，指定是否需要截距项. 如果选 False，则假设数据已经中心化.

⑤class_weight：指定每个类的权重. 如果为字典，则字典给出了每个分类的权重；如果为字符串‘balanced’，则每个分类的权重与该分类在样品中出现的频率成反比. 取默认值，每个分类的权重都为 1.

⑥max_iter：指定最大迭代数.

⑦random_state：指定随机数生成器的种子.

⑧solver：指定求解最优化问题的算法. 可以选择的方法如下所示：

‘newton-cg’：使用牛顿法；

‘lbfgs’：使用 L-BFGS 拟牛顿法；

‘liblinear’：使用 liblinear；

‘sag’：使用 Stochastic Average Gradient Descent 算法.

对于规模小的数据集，‘liblinear’比较适用；对于规模大的数据集，‘sag’比较适用. ‘newton-cg’，‘lbfgs’，‘sag’只处理 penalty=‘l2’的情况.

⑨tol：指定判断迭代收敛与否的一个阈值.

⑩multi_class：指定对于多分类问题的策略，可以为如下的值：

‘ovr’：采用 one-vs-rest 策略；

‘multinomial’：直接采用多分类逻辑回归策略.

⑪warm_start：一个 bool 型. 如果为 True，则使用前一次训练结果继续训练；否则，从头开始训练.

（2）返回值

①coef_：权重向量；

②intercept：b 值；

③n_iter_：实际迭代次数.

（3）方法

①fix(X,y[,sample_weight])：训练模型；

②predict(X)：用模型进行预测，返回预测值；

③score(X,y[,sample_weight])：返回(X,y)上的预测准确率；

④predict_log_proba(X)：返回一个数组，数组元素依次是 X 预测为各个类别的概率的对数值.

⑤predict_proba(X)：返回一个数组，数组元素依次是 X 预测为各个类别的概率值.

例 2　运用逻辑回归进行分类.

在 Python 软件编辑窗口输入程序如下：

```
import matplotlib.pyplot as plt
import numpy as np
from sklearn import datasets,linear_model,cross_validation
iris=datasets.load_iris()      #使用 scikit-learn 自带的 iris 数据集
X_train=iris.data
y_train=iris.target
X_train,X_test,y_train,y_test
cross_validation.train_test_split(iris.data,iris.target,test_
size=0.25,random_state=0)
Cs=np.logspace(-2,4,num=100)
scores=[]
for C in Cs:
    regr=linear_model.LogisticRegression(C=C)
    regr.fit(X_train, y_train)
    scores.append(regr.score(X_test, y_test))
## 绘图
fig=plt.figure(1,figsize=(8,6))
ax=fig.add_subplot(1,1,1)
```

```
    ax.plot(Cs,scores)
    ax.set_xlabel(r"C")
    ax.set_ylabel(r"score")
    ax.set_xscale('log')
    ax.set_title("LogisticRegression")
    plt.show()
    print('Coefficients:%s,intercept%s'%(regr.coef_,regr.intercept
_))
    print('Score:%.2f'%regr.score(X_test, y_test))
    logreg=linear_model.LogisticRegression(C=1e5, solver='lbfgs',
multi_class='multinomial')
    logreg.fit(X_train[:,:2], y_train)
    x_min,x_max=X_train[:,0].min()-.5,X_train[:,0].max()+.5
    y_min,y_max=X_train[:,1].min()-.5,X_train[:,1].max()+.5
    h=.02     #网格中的步长
    xx,yy=np.meshgrid(np.arange(x_min,x_max,h),np.arange(y_min,y_
max,h))
    Z=logreg.predict(np.c_[xx.ravel(),yy.ravel()])
    Z=Z.reshape(xx.shape)
    plt.figure(2,figsize=(8,6))
    plt.pcolormesh(xx,yy,Z,cmap=plt.cm.Paired)
    plt.scatter(X_train[:,0],X_train[:,1],c=y_train,edgecolors='k',
cmap=plt.cm.Paired)
    plt.xlabel('Sepal length')
    plt.ylabel('Sepal width')
    plt.xlim(xx.min(),xx.max())
    plt.ylim(yy.min(),yy.max())
    plt.xticks(())
    plt.yticks(())
    plt.show()
```

输出结果如图 4.5 所示.

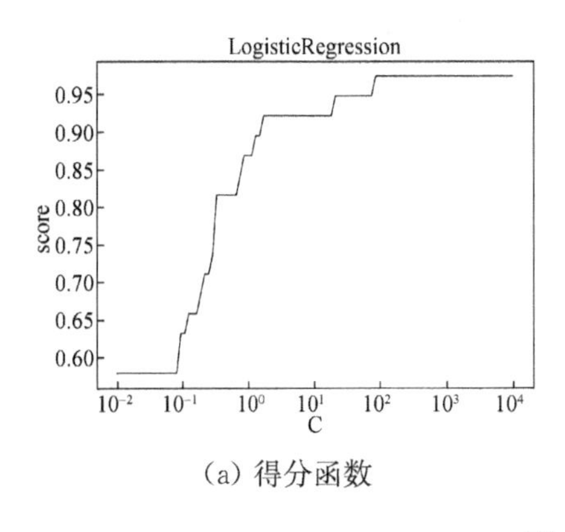

(a) 得分函数

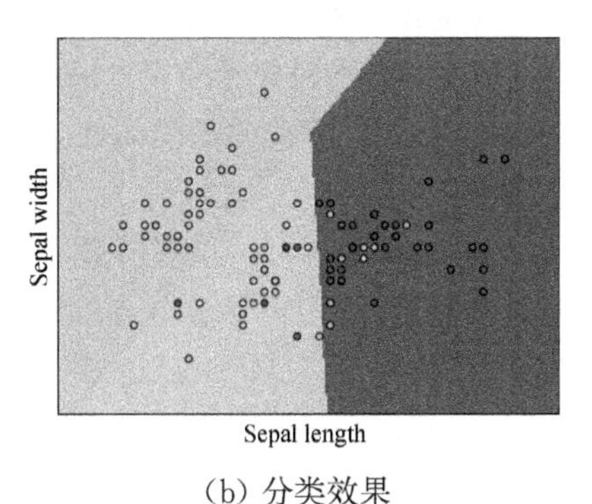

(b) 分类效果

图 4.5

2. 决策树

决策树是一种功能强大的数据分类和预测方法,属于有监督的学习算法.其以树状图为基础,输出结果为一系列简单实用的规则,故称为决策树.学习决策树时,通常采用损失函数最小化原则.决策树有如下优点和缺点:

(1) 优点

①决策树算法中,学习简单的决策规则建立决策树模型的过程非常容易理解;

②决策树模型应用范围广,可用于分类和回归,而且非常容易进行多类别的分类;

③决策树模型能够可视化,非常直观.

(2) 缺点

①很容易在训练数据中生成复杂的树结构,造成过拟合(Overfitting)(剪枝可以缓解过拟合的副作用,常用方法是限制树的高度和叶子节点中的最少样本数量).

②学习一棵最优的决策树被认为是 NP-Complete 问题,而实际中的决策树是基于启发式的贪心算法建立的,这种算法不能保证建立全局最优的决策树(随机森林(Random Forest)引入随机性能解决这个问题).

决策树函数为

```
DecisionTreeClassifier(criterion='gini', splitter='best', max_depth=None, min_samples_split=2, min_samples_leaf=1, min_weight_fraction_leaf=0.0, max_features=None, random_state=None, max_leaf_nodes=None, min_impurity_decrease=0.0, min_impurity_split=None, class_weight=None, presort=False)
```

参数说明如下:

①criterion:特征选择标准,有'gini'和'entropy'可选,默认为'gini'.

②splitter:特征划分标准,有'best'和'random'可选,默认为'best'.

③max_depth:设置树的最大深度. 当树的深度达到 max_depth 时,决策树都会停止运算.

④min_samples_split:设置分裂所需的最小数量的节点数. 当叶节点的样本数量小于该参数后,则不再生成分支. 该分支的标签分类以该分支下标签最多的类别为准.

⑤min_samples_leaf:一个分支所需要的最少样本数. 如果在分支之后,某一个新增叶节点的特征样本数小于该项参数,则退回,不再进行剪枝. 退回后的叶节点的标签以该叶节点中最多的标签为准.

⑥min_weight_fraction_leaf:最小的权重系数.

⑦max_leaf_nodes:最大叶节点数,为 None 时没有限制,取整数时忽略 max_depth.

⑧min_impurity_split:信息增益的阀值.

⑨class_weight:类别权重.

3. kNN 算法

kNN(k-Nearest Neighbors)算法的主要原理是采用测量不同特征值之间的距离方法进行分类,核心思想是用距离最近的 k 个样本数据的分类来代表目标数据的分类. 如果一个样本在特征空间中的 k 个最相似(即特征空间中最邻近)的样本中的大多数属于某一个类别,则该样本也属于这个类别.

kNN 算法是一种有监督学习,需要一个训练样本集,且这个集合中含有分类信息. 该算法通过计算距离来衡量样本之间相似度,算法简单,易于理解和实现,并且对异常值不敏感. 但是,kNN 需要设定 k 值,结果会受到 k 值的影响,对于不同的 k 值,最后得到的分类结果不尽相同;其次,该算法计算量大,需要计算样本集中每个样本的距离才能得到 k 个最近的数据样本;另外,当训练样本集不平衡时容易导致结果不准确.

scikit-learn 中的 KNeighborsClassifier 在 sklearn. neighbors 包之中,对于它的使用分为以下三个步骤:

(1) 创建 KNeighborsClassifier 对象,即

```
neighbors.KNeighborsClassifier(n_neighbors=k, weights='uniform',
algorithm='auto',leaf_size=1,p=2,metric='minkowski',metric_params=None)
```

参数说明如下:

①n_neighbors:就是 kNN 里的 k,在做分类时,选取问题点最近的近邻数.

②weights:是在进行分类判断时最近的权重,默认的'uniform'是不加权.

③algorithm:是分类时采取的算法,有'brute','kd_tree'和'ball_tree',默认为'auto',在学习时自动选择最合适的算法,所以一般来讲选择 auto 就可以.

④leaf_size:是 kd_tree 或 ball_tree 生成的树的树叶(树叶就是二叉树中没有分枝的节点)的大小. 在 kd_tree 中所有的二叉树的叶子中都只有一个数据点,但实际上树叶中可以有多于一个的数据点,算法在达到叶子时在其中执行蛮力计算即可. 对于很多使用场景来说,叶子的大小并不是很重要,设 leaf_size=1 就好.

⑤metric:选择距离度量的方式,默认为'minkowski'距离.

⑥p:'minkowski'距离度量中的参数,默认为 2.

(2) 调用 fit 函数进行训练,即

```
neighbors.KNeighborsClassifier.fit(X,y)
```

其中,X 是一个列表或数组的数据,注意所有数据的长度必须一样(等同于特征的数量). 也可以把 X 理解为一个矩阵,其中每一行是一个样本的特征数据. y 是一个和 X 长度相同的列表或数组的数据,其中每个元素是 X 中相对应的数据的类别标签.

(3) 调用 predict 函数进行预测,即

```
neighbors.KNeighborsClassifier.predict(X)
```

其中,输入 X 是一新数据. 输出 y 是一个长度与 X 相同的数组,是通过 kNN 分类对 X 所预测的分类标签.

4. 朴素贝叶斯分类算法

朴素贝叶斯算法是一个直观的方法,根据每个属性归属于某个类的概率来做预测. 其主要原理是贝叶斯定理,即

$$P(H|X)=\frac{P(X|H)P(H)}{P(X)}.$$

贝叶斯分类算法能够在数据较少的情况下仍然有效,并支持多类别分类问题.

贝叶斯分类的一般过程如下:

(1) 准备工作阶段:任务是为朴素贝叶斯分类做必要的准备,主要是根据具体情况确定特征属性,并对每个特征属性进行适当划分,形成训练样本集合. 这一阶段的输入是所有待分类数据,输出是特征属性和训练样本.

(2) 分类器训练阶段:任务是生成分类器,主要工作是计算每个类别在训练样本中的出现频率及每个特征属性划分对每个类别的条件概率估计,并记录结果. 其输入是特征属性和训练样本,输出是分类器. 这一阶段可以根据公式由程序自动计算完成.

(3) 应用阶段:任务是使用分类器对待分类项进行分类,其输入是分类器和待分类项,输出是待分类项与类别的映射关系.

在 scikit-learn 中提供了 3 种朴素贝叶斯分类算法，即 GaussianNB(高斯朴素贝叶斯)，MultinomialNB(多项式朴素贝叶斯)，BernoulliNB(贝努利朴素贝叶斯). 下面以高斯朴素贝叶斯为例说明其语法.

在 scikit-learn 中，高斯朴素贝叶斯分类器的命令如下：

```
sklearn.naive_bayes.GaussianNB(priors=None)
```

其中，priors 属性是获取各个类标记对应的先验概率.

返回值的属性中：

①class_count_属性：获取各类标记对应的训练样本数；

②theta_属性：获取各个类标记在各个特征上的均值；

③fit(X,y,sample_weight=None)：训练样本，其中 X 表示特征向量，y 表示标记，sample_weight 表示各样本权重数组；

④predict(X)：直接输出测试集预测的类标记；

⑤predict_proba(X)：输出测试样本在各个类标记预测概率值；

⑥score(X,y,sample_weight=None)：返回测试样本映射到指定类标记上的得分(准确率).

例 3　采用朴素贝叶斯分类器对模拟数据进行分类.

在 Python 软件编辑窗口输入程序如下：

```
import numpy as np
from sklearn.naive_bayes import GaussianNB
X=np.array([[-1,-1],[-2,-1],[-3,-2],[1,1],[2,1],[3,2]])
y=np.array([1,1,1,2,2,2])
clf=GaussianNB()     # 默认 priors=None
clf.fit(X,y)
print(clf.predict([[3,3]]))
```

输出结果为[2]，也就是说数据[3,3]属于第二类.

三、练习

1. 试采用逻辑回归方法对二分类数据进行分类.
2. 试采用决策树方法对数据进行分类.
3. 试采用多项式朴素贝叶斯分类方法对数据进行分类.
4. 说明贝努利朴素贝叶斯分类方法的语法命令.

实验六　聚类分析建模

一、实验目的

掌握聚类分析方法的原理与 Python 软件的实现.

二、实验内容

聚类分析是无监督学习,其与回归分析、贝叶斯分析等不同的是,聚类分析的样本没有给定类别标签. 通过聚类分析,可将有相似特征的数据聚合为同一个类别,不相似的数据归为不同类. 常见的相似度量主要是空间距离等. 聚类分析在机器学习、数据挖掘、模式识别、图像分析以及生物信息中有广泛的应用. 比如,在客户数据方面,聚类分析能帮助市场分析人员从客户基本库中发现不同的客户群,并且根据客户的消费模式来刻画不同的客户群的特征;在生物信息方面,聚类分析能用于植物和动物的分类. 聚类分析还可以用于对 Web 上的文档进行分类,以发现有用信息.

1. K-Means 聚类分析

K-Means 聚类分析是聚类算法中最简单的一种. 假设训练样本为$\{\boldsymbol{x}^{(1)},\boldsymbol{x}^{(2)},\cdots,\boldsymbol{x}^{(m)}\}$,其中每一个 $\boldsymbol{x}^{(i)}\in\mathbf{R}^n$,K-Means 聚类分析是将样本聚成 k 个类. 具体算法描述如下:

(1) 随机选取 k 个聚类中心 $\boldsymbol{\mu}_1,\boldsymbol{\mu}_2,\cdots,\boldsymbol{\mu}_k\in\mathbf{R}^n$.

(2) 重复以下过程直到收敛:

对于每一个样本 $\boldsymbol{x}^{(i)}$,计算其应该属于的类,即

$$c^{(i)}=\arg\min_j\|\boldsymbol{x}^{(i)}-\boldsymbol{\mu}_j\|^2;$$

再对于每一个类,重新计算该类的质心,即

$$\boldsymbol{\mu}_j=\frac{\sum_{i=1}^{m}\mathbf{1}\{c^{(i)}=j\}\boldsymbol{x}^{(i)}}{\sum_{i=1}^{m}\mathbf{1}\{c^{(i)}=j\}}.$$

这里的 k 是设定的聚类中心数,$c^{(i)}$代表样本与 k 个类中距离最近的那个类.

K-Means 算法的主要优点如下:

(1) 原理简单,实现容易,且收敛速度快;

(2) 聚类效果好;

(3) 算法的可解释性强,并且调参只需调整 k 的取值.

K-Means 算法的函数为

```
sklearn.cluster.KMeans(n_clusters=3,init='k-means++',n_init=10,
max_iter=300,tol=0.0001,precompute_distances='auto',verbose=0,
random_state=None,copy_x=True,n_jobs=1,algorithm='auto')
```

参数说明如下:

①n_clusters:聚类中心个数.

②init:初始聚类中心的获取方法.

③n_init:获取初始聚类中心的更迭次数.为了弥补初始质心的影响,默认的更迭次数为 10.

④max_iter:最大迭代次数.

⑤tol:K-Means 运行准则收敛的条件.

⑥precompute_distances:是否需要提前计算距离.

⑦random_state:随机生成聚类中心的状态条件.

⑧algorithm:K-Means 的实现算法选择有'auto','full','elkan'三种,其中'full'表示用 EM 方式实现.

以上参数虽然很多,但是一般用默认值也能满足.

例 1 用 K-Means 方法进行分类.

在 Python 软件编辑窗口输入程序如下:

```
import numpy as np
import matplotlib.pyplot as plt
from sklearn.cluster import KMeans
from sklearn.datasets import make_blobs
plt.figure(figsize=(12,12))
n_samples=1500
random_state=170
X,y=make_blobs(n_samples=n_samples,random_state=random_state)
y_pred=KMeans(n_clusters=3,random_state=random_state).fit_
predict(X)
plt.subplot(221)
plt.scatter(X[:,0],X[:,1],c=y_pred)
plt.show()
```

输出结果如图 4.6 所示.

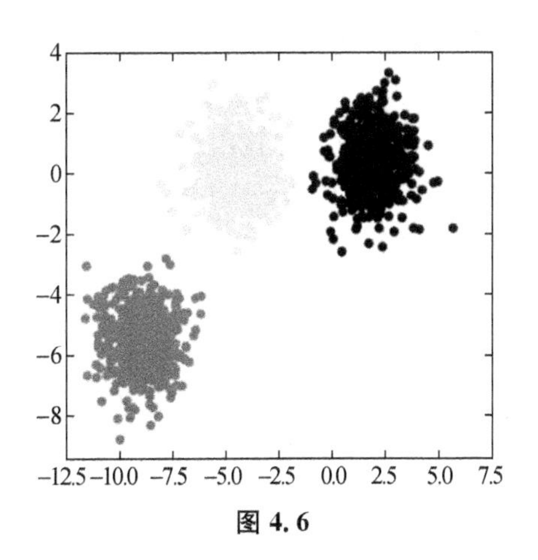

图 4.6

2. 系统聚类算法

系统聚类算法又称层次聚类算法或系谱聚类算法，首先是把样本各自看作一类，定义类间距离，然后选择距离最小的一对元素合并成一个新的类，重复计算各类之间的距离并重复上面的步骤，直到将所有原始元素分成指定数量的类. 该算法的计算复杂度比较高，不适合大数据聚类问题.

3. DBSCAN 聚类算法

DBSCAN 是 Density-Based Spatial Clustering of Applications with Noise 的缩写，是一种基于密度的聚类方法，对噪声数据的处理比较好.

DBSCAN 把类定义为密度相连对象的最大集合，通过在样本空间中不断搜索最大集合完成聚类. 该算法不需要预先指定聚类数量，但对参数比较敏感，当空间聚类的密度不均匀、聚类间距差相差很大时，聚类质量较差.

DBSCAN 聚类算法的工作过程如下所示：

(1) 定义邻域半径 eps 和样本数量阈值 min_samples.

(2) 从样本空间中抽取一个尚未访问过的样本 p.

(3) 如果样本 p 是核心对象，进入第(4)步；否则，返回第(2)步.

(4) 找出样本 p 出发的所有密度可达对象，构成一个聚类 Cp(该聚类的边界对象都是非核心对象)，并标记这些对象为已访问.

(5) 如果全部样本都已访问，算法结束；否则，返回第(2)步.

DBSCAN 聚类算法函数为

```
DBSCAN(eps=0.5,min_samples=5,metric='euclidean',algorithm='auto',
leaf_size=30,p=None,random_state=None)
```

参数说明如下：

①eps：用于确定邻域的大小.

②min_samples：MinPts 参数，用于判断核心对象.

③metric：计算距离的方法.

④algorithm：用于计算两点间距离并找出最近邻的点，有如下 4 种方法：

'auto'：由算法自动取舍合适的算法；

'ball_tree'：用 ball 树来搜索；

'kd_tree'：用 kd 树来搜索；

'brute'：暴力搜索.

⑤leaf_size：一个整数，用于指定当 algorithm＝ball_tree 或 kd_tree 时树的叶节点大小. 该参数会影响构建树和搜索最近邻点的速度，同时还影响树的内存.

三、练习

1. 选择 sklearn 中自带的数据并采用 K-Means 方法对数据进行聚类.
2. 调节 K-Means 方法中的参数值并解释参数的含义.
3. 选择 sklearn 中自带的数据并采用 DBSCAN 算法对数据进行聚类.

本章参考文献

[1] Mehta H K. Python 科学计算基础教程. 陶俊杰，陈小莉，译. 北京：人民邮电出版社，2016.

[2] Hackeling Gavin. scikit-learn 机器学习. 张浩然，译. 2 版. 北京：人民邮电出版社，2019.

[3] Müller A C，Guido S. Python 机器学习基础教程. 张亮，译. 北京：人民邮电出版社，2018.

[4] Hetland M L. Python 基础教程. 袁国忠，译. 3 版. 北京：人民邮电出版社，2018.

[5] McKinney Wes. 利用 Python 进行数据分析. 徐敬一，译. 2 版. 北京：机械工业出版社，2018.

[6] scikit-learn Developers. scikit-learn：Machine Learning in Python. [2019-08-10]. https://scikit-learn.org/stable/index.html.